수학자의 세계

수학자의 세계

표용수 · 조용선 지음

KM 경문사

수학자의 세계

지은이 표용수 · 조용선
펴낸이 조경희
펴낸곳 경문사
펴낸날 2018년 1월 20일 1판 1쇄
등 록 1979년 11월 9일 제313-1979-23호
주 소 04057, 서울특별시 마포구 와우산로 174
전 화 (02)332-2004 팩스 (02)336-5193
이메일 kyungmoon@kyungmoon.com
facebook facebook.com/kyungmoonsa

값 15,000원

ISBN 979-11-6073-105-7

★ 경문사 홈페이지에 오시면 즐거운 일이 생깁니다.
http://www.kyungmoon.com

머리말

이 책의 저자들은 수학의 신비로움, 흥미로움, 향기로움과 쓰임새 등을 주제로 33개의 내용을 묶어, 독립선언문을 기초한 민족대표 33인을 기리는 의미로, 《수학독립선언》을 2006년 출판하여 2014년에는 개정판을 출간하였다.

이 책은 수학독립선언의 후편으로, 세계적인 수학자 33인에 대한 간단한 약력과 수학사에 남긴 빛나는 업적들을 에피소드와 함께 소개하여, 가능한 한 쉬우면서도 재미있게 읽을 수 있도록 기술하고자 하였다. 물론, 대표적인 수학자 33인을 선정하는 것 자체가 무리임을 저자들은 잘 알고 있다. 다만, 그들이 살았던 시대적 배경과 수학에 대한 연구 결과와 관련하여 흥미 있는 이야깃거리를 제공해주는 수학자를 중심으로 하였다. 따라서 이 책에 수록한 33인이 수학 발전에 공헌한 순서를 의미하는 것은 아님을 밝혀둔다.

이 책의 제1부는 고대·중세 수학자로 16세기 이전에 태어난 수학자를, 제2부는 근대 수학자로 17~18세기에 태어난 수학자를(데카르트는 16세기 말에 태어났으나, 그의 연구 업적을 고려하여 근대수학자로 구분하였음), 제3부는 현대 수학자로 19세기 이후에 출생한 수학자를 다루고 있다. 출생 연도에 따른 이러한 구분이 근대와 현대를 구별하는 정확한 기준이 아닐 수도 있지만, 책의 편집을 위하여 형식적으로 구분한 것이니 독자 여러분의 이해를 바란다. 또한, 독자들에 따라서 본문 내용 중에 주어진 조건이나 풀이방법이 미흡해 보이거나 이해하기 어려운 부분이 있을 수 있다. 이는 시대적 상황의 특수성과 수학 발전 정도에 따라 생기는 현상으로 생각하면 될 것이다.

이 책을 이야기 중심으로 저술하면서, 수학에 대한 기본 상식만 있으면 누구나 흥미를 가지고 쉽게 읽을 수 있도록 기술하고자 하였다. 특히, 본문에서 자세히 다루지 못하였거나 추가 설명이 필요한 경우는 각 수학자에 대한 이야기 말미에 보충 내용을 수록하여 이해를 돕도록 하였다.

이 책의 내용은 저자가 독창적으로 개발한 내용이 아니라, 세계적인 수학자들의 업적을 다양한 자료들을 바탕으로 작성한 것이다. 원고 작성에 도움을 준 모든 참고문헌의 저자분들께 진심으로 감사드린다.

끝으로, 출판을 위해 애써주신 경문사 조경희 대표님을 비롯한 임직원 여러분과 원고를 준비하는 동안 다양한 의견을 개진해 준 연구실의 대학원생들, 새로운 책을 출판할 수 있도록 격려해주신 모든 분들께 진심어린 감사를 드린다. 특히, 《수학독립선언》에 이어 이번에도 수학을 전공한 아내와 함께 공저로 이 책을 출판하게 됨을 자랑스럽게 생각한다.

2017년을 보내며

대표저자 표용수 씀

차례

제1부

고대 · 중세 수학자

첫 번째 수학자 이야기 | 최초의 수학자 탈레스 3

두 번째 수학자 이야기 | 수를 사랑한 피타고라스 7

세 번째 수학자 이야기 | 기하학의 아버지 유클리드 14

네 번째 수학자 이야기 | 유레카를 외친 아르키메데스 22

다섯 번째 수학자 이야기 | 해석기하학의 주춧돌 아폴로니우스 29

여섯 번째 수학자 이야기 | 대수학의 아버지 디오판토스 33

일곱 번째 수학자 이야기 | 고대 중국의 수학자 유휘 38

여덟 번째 수학자 이야기 | 수학을 아름답게 만든 피보나치 43

아홉 번째 수학자 이야기 | 삼차방정식의 해법을 훔친 카르다노 49

열 번째 수학자 이야기 | 지동설을 주장한 갈릴레이 55

제2부

근대 수학자

열한 번째 수학자 이야기 | 근대 수학의 선구자 데카르트 63

열두 번째 수학자 이야기 | 마지막 정리로 유명한 페르마 70

열세 번째 수학자 이야기 | 확률론의 창시자 파스칼 77

열네 번째 수학자 이야기 | 미적분학의 아버지 뉴턴 84

열다섯 번째 수학자 이야기 | 수학기호의 마술사 라이프니츠 95

열여섯 번째 수학자 이야기 | 수학의 명문 베르누이 일가 101

열일곱 번째 수학자 이야기 | 조선의 수학자 홍정하 108

열여덟 번째 수학자 이야기 | 시력을 잃고도 수학을 연구한 오일러 116

열아홉 번째 수학자 이야기 | 최적화 문제를 풀이한 라그랑주 125

스무 번째 수학자 이야기 | 도깨비를 상상한 라플라스 131

스물한 번째 수학자 이야기 | 평행공리의 증명을 시도한 르장드르 138

스물두 번째 수학자 이야기 | 수학의 황제 가우스 143

스물세 번째 수학자 이야기 | 현대 수학의 아버지 코시 149

제3부

현대 수학자

스물네 번째 수학자 이야기 | 새로운 우주를 창조한 볼리아이 157

스물다섯 번째 수학자 이야기 | 대수학 발전에 공헌한 아벨 165

스물여섯 번째 수학자 이야기 | 비둘기 집을 지은 디리클레 172

스물일곱 번째 수학자 이야기 | 결투로 목숨을 잃은 갈루아 177

스물여덟 번째 수학자 이야기 | 리만기하학을 정립한 리만 182

스물아홉 번째 수학자 이야기 | 집합론의 창시자 칸토어 187

서른 번째 수학자 이야기 | 프랑스 최고훈장을 받은 푸앵카레 194

서른한 번째 수학자 이야기 | 20세기 대표 수학자 힐베르트 199

서른두 번째 수학자 이야기 | 수리철학의 창시자 러셀 205

서른세 번째 수학자 이야기 | 무한대를 본 라마누잔 215

참고문헌 223

찾아보기 225

제1부

고대 · 중세 수학자

만물의 근원은 수이다.

– 피타고라스

— 첫 번째 수학자 이야기 —

최초의 수학자 탈레스

(Thales, 기원전 640년경~546년경)

고대 그리스 수학의 시조라 불리는 탈레스는 그리스 밀레투스에서 태어났다. 그는 어릴 때부터 가게 점원으로 출발하여 소금, 기름 등의 장사를 하였는데, 이집트에서는 틈틈이 승려들에게 기하학, 천문학을 배웠다. 그 이후에도 여행과 연구를 통해 여러 분야에 학식을 넓혔으며, 수학과 천문학자로서는 물론, 정치가, 공학자, 실업가로도 명성을 떨쳤다.

또한, 탈레스는 철학자로도 유명하다. 고대 그리스의 칠현인의 한 사람이자 철학의 아버지로도 불리는 탈레스는 물이 액체뿐만 아니라 얼음과 증기로 존재할 수 있음을 관찰하고, "만물은 물에서 기원한다."라고 하여, 우주 만물은 물에서 기원하며 물은 세계의 본원이라고 생각하였다. 탈레스는 가장 어려운 것과 가장 쉬운 것이 무엇이냐는 질문을 받고, 가장 어려운 것은 '자기 자신을 아는 것'이고, 가장 쉬운 것은 '타인에게 조언하는 것'이라고 대답하였다.

탈레스에 대해 알려진 바는 별로 없지만, 다음의 소금 실은 당나귀에 대한 이솝의 우화가 전해지고 있다. 이는 탈레스가 소금 장사를 하면서 겪은 일이라고 한다.

> 소금을 싣고 강을 건너던 당나귀가 실수로 강물에 빠진 뒤부터 소금이 물에 녹아 짐이 가벼워지는 것을 알게 되었다. 그 후부터 당나귀는 짐의 무게를 줄이기 위해 강을 건널 때마다 일부러 강물에 빠지곤 하였다. 이를 눈치 챈 탈래스는 소금 대신에 솜을 가득 싣고 강을 건너게 하여, 잔꾀를 부린 당나귀를 혼내주었다.

탈레스는 기원전 585년 5월 28일에 일어난 일식을 정확히 예측하였으며, 1년을 365일로 나누고 작은곰자리를 발견하여 항해술에 이용하였다. 이들은 아마도 이집트인들로부터 알게 되었을 것으로 추측한다. 그럼에도 불구하고, 창조적인 업적, 즉 수학이 다른 학문과 확연히 구별되는 증명이란 방법을 사용한 것이 그를 수학의 창시자로 만들었다. 탈레스는 '어떻게(how)'라는 질문과 함께 '왜(why)'라는 질문을 추구한 첫 번째 학자라는 이유로, 최초의 수학자로 불리게 되었다. 한편, 탈레스가 어느 날 별을 관찰하다가 우물에 빠졌는데, 이를 본 하녀로부터 "자기 발밑에 무엇이 있는지도 모르면서 무슨 하늘을 연구한다고…" 하는 핀잔을 들었다는 일화도 있다.

탈레스의 명성이 알려지면서 이집트 왕은 피라미드의 높이를 구해 줄 것을 요청하였다. 그래서 탈레스는 시간마다 태양에 의해 생기는 그림자의 길이가 달라진다는 것을 알고, 자신의 그림자의 길이가 자신의 키와 같을 때 피라미드의 그림자 또한 피라미드의 높이와 같을 것이라고 추측하고, 이 원리를 이용하여 피라미드의 높이를 재는 데에 성공하였다. 실제로, 막대의 길이와 피라미드의 그림자의 길이를 알 수 있으므로, 닮은 삼각형의 변의 비례관계를 이용하여 피라미드의 길이를 구하였던 것이다.

탈레스는 유클리드 평면기하학의 정리 중에서 다음을 최초로 증명하였다고 알려져 있지만, 아쉽게도 이들에 대한 탈레스 증명은 어디에서도 찾아볼 수 없다고 한다.

① 원은 지름에 의해 이등분된다.
② 이등변삼각형의 두 밑각은 같다.
③ 두 맞꼭지각은 같다.
④ 두 각과 그 사이의 변이 같은 삼각형은 합동이다.
⑤ 반원 위에 그려지는 삼각형은 직각삼각형이다.

이전에는 경험적인 사실로 인해 이들을 명제로 받아들였지만, 증명이라는 방법을 통해 증명된 명제인 정리로서 인정받게 된 것이다. 실제, 탈레스는 경험에 의해 지식에 이르는 이집트인들의 방식에서 벗어나 타당한 지식을 도출할 수 있는 논리적인 추론의 체계를 구축했다는 관점에서 탈레스의 위대성이 돋보인다.

그리스의 칠현인

플루타르크 영웅전에 따르면, 트로이의 헬렌 청동제단이 그물에 걸려, 이를 가장 현명한 사람에게 주기로 하였는데, 그리스의 칠현인 중에서 가장 으뜸인 탈레스의 차지가 되었다고 한다. 고대 그리스의 칠현인은 기원전 7~6세기경 그리스에 살았던 7명의 뛰어난 사상가와 정치가를 일컫는다. 칠현인은 고대 서적들에서 다양하게 소개되고 있지만, 대체로 클레오불로스, 페리안드로스, 피타코스, 비아스, 탈레스, 케일론, 솔론을 꼽는다.

— 두 번째 수학자 이야기 —

수를 사랑한 피타고라스

(Pythagoras, 기원전 580년경~500년경)

피타고라스는 그리스 사모스 섬의 명문가에서 태어나, 젊은 시절에는 탈레스와 아낙시만드로스에게 천문학을 배웠으며, 이집트로 유학하여 20년 이상을 머물면서 기하학을 포함한 다양한 분야의 학문을 공부하였다. 이집트에서 돌아온 그는 이탈리아 남부에 있는 크리톤에 이주하여 밀로(Milo)의 후원으로 학교를 설립하고 수학, 음악, 철학, 천문학 등을 가르치고 연구하였다.

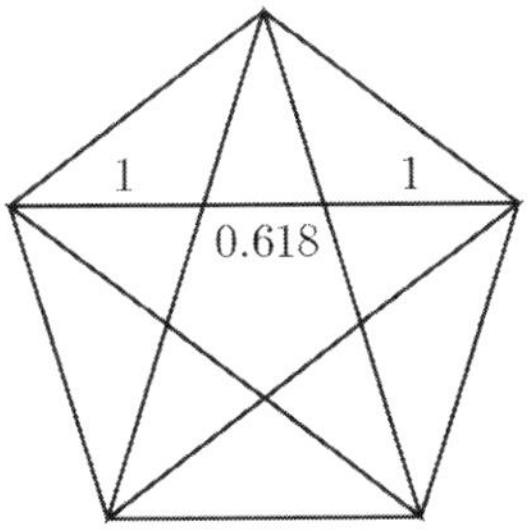

| 별 모양의 황금비 |

피타고라스의 가장 중요한 수학적 업적은 피타고라스 정리와 무리수의 발견이다. 피타고라스학파에서는 정수의 비율로 나타낼 수 없는 수인 무리수에 대해서 연구하였으며, 황금분할이라는 식을 만들었다. 특히, 피타고라스는 별 모양의 황금비가 너무나 아름답고 신기하다고 생각하여 피

타고라스학파의 심벌마크로 삼았다. 그 당시 유럽 사람들이 가장 완벽하고 안정된 모양으로 여겼던 것은 세워져 있는 오각형이었다. 그런데 별 모양을 자세히 살펴보면 제일 짧은 선분과 그 다음 길이의 선분이 황금분할로 되어 있고, 그 선분은 또 그보다 긴 선분과 황금분할로 되어 있음을 알 수 있다. 즉, 피타고라스학파에서 자부심을 가지고 달고 다녔던 오각형 휘장은 가장 짧은 선분에서부터 가장 긴 선분까지 차례로 황금분할로 이루어져 있다.

피타고라스는 수를 몹시 사랑하여 만물의 근원은 수(number)라고 하였다. 즉, 우주는 수와의 관계에 따라 질서를 갖는데, 가령 우주의 근본이 되는 불, 흙, 공기, 구면, 물은 각각 정사면체, 정육면체, 정팔면체, 정십이면체, 정이십면체로부터 생성된다고 생각하였다. 따라서 그에게 있어서 우주의 근본은 수였으며, 초기에는 유리수만으로 모든 것을 나타낼 수 있다고 믿었다. 예로, 홀수는 남성, 짝수는 여성을 나타내며, 숫자 1은 모든 수를 발생시키는 전능한 존재이고, 숫자 2는 최초의 여성 수로 다양성을 상징하며, 숫자 3(= 1 + 2)은 다양성과 통합으로 구성된 최초의 남성 수라고 하였다. 또한, 숫자 4(= 2 + 2)는 균형이 잘 이루어진 정의의 수이고, 숫자 5(= 2 + 3)는 여성과 남성의 결합이므로 결혼을 의미한다고 하였다. 또한, 이들은 그리스어인 마테마(mathema)로부터 수학(mathematics)에서 단어를 만들었다고 전해진다.

피타고라스와 그의 추종자들로 이루어진 피타고라스학파는 오늘날의 관점에서 학술단체나 학교라기보다는 종교집단으로, 신비주의와 합리주의 교리를 포괄하는 하나의 공동체였다. 피타고라스는 수에서 조화 관계에 의한 영혼의 정화를 인생의 목적으로 삼았으며, 영혼의 불멸과 윤회를 믿고 엄격한 금욕생활을 하였다고 한다. 당시 사람들은 만물을 수학이나 과학을 통해 설명하려 하지 않고 신화로서 설명하려고 하였는데, 피타고라스 역시 현실주의자라기보다 신비주의자였던 것이다.

피타고라스의 업적 중에서도 "직각삼각형에서 빗변의 제곱은 다른 두 변의 제곱의 합과 같다."는 피타고라스 정리는 매우 중요하며 다양하게 응용되고 있다. 피타고라스학파에서는 피타고라스 정리를 증명하고 너무 기뻐서 감사의 뜻으로 황소 100마리를 잡아 신에게 공물로 바쳤다고 전해진다. 일설에는 피타고라스는 '영혼은 불멸하고 윤회, 전이하는 것'으로 믿었으므로, 피를 흘리는 것을 좋아하지 않아 살아 있는 소가 아니고, 밀가루로 만든 소 한 마리였다고도 한다.

피타고라스 정리와 그 증명은 각 대륙과 다양한 문화 속에서 여러 세기에 걸쳐 나타나는데, 이에 대한 증명은 다른 어떤 정리들보다도 다양한 방법으로 많이 알려져 있다. 다음으로, 피타고라스 정리의 한 증명법을 소개한다.

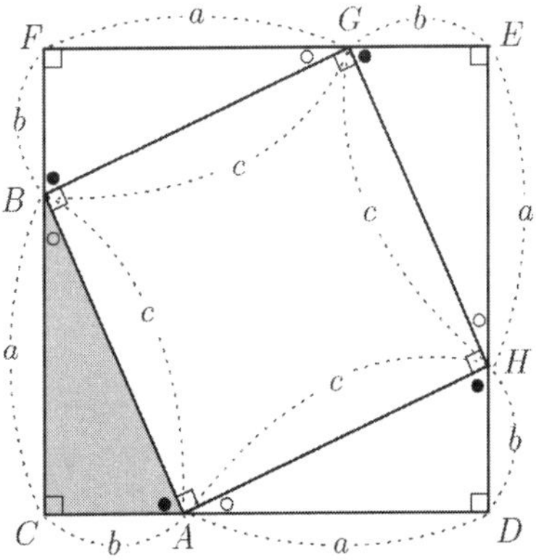

오른쪽 그림에서와 같이, 직각삼각형 $\triangle ABC$를 포함하고 한 변의 길이가 $a+b$인 큰 정사각형의 넓이를 구해보면

$$(a+b)^2 = c^2 + 4 \times \frac{1}{2}ab$$

이므로

$$a^2 + 2ab + b^2 = c^2 + 2ab$$

이고, 따라서 $a^2 + b^2 = c^2$이 성립한다.

관계식 $a^2 + b^2 = c^2$으로부터 (3, 4, 5), (5, 12, 13), ⋯과 같이 피타고라스 정리를 만족하는 자연수 쌍들이 있는데, 이들을 피타고라스 수라고 한다. 그러나 빗변을 제외한 두 변의 길이가 모두 1인 직각이등변 삼각형에서는 빗변의 길이가 $\sqrt{2}$인데, 이를 나타낼 수 있는 유리수가 존재하지 않는다. 즉, 유리수가 아닌 무리수가 최초로 발견되었던 셈이다. 이로 인해, 그 당시 모든 수를 유리수 범위에서 다룬 피타고라스학파에서는 큰 충격을 받았으며, 이를 철저히 비밀에 부치고 세상에 알리지 않기로 굳게 맹세하였다. 그러나 그들 중 한 사람인 히파수스(Hippasus)가 이 사실을 외부에 누설하였고, 히파수스는 분노한 피타고라스학파의 동료들에 의해 바다로 던져져 목숨을 잃었다고 한다. 그들은 잘못된 신념으로 새롭게 밝혀진 사실을 받아들이지 못한 어리석음을 범하여, 무리수 때문에 살인죄를 짓고 말았던 것이다. 일설에는, 히파수스는 바다에 빠져 사망한 것이 아니라 죽음을 가장하기 위해 무덤을 만들어 "히파수스 여기 고이 잠들다."라는 비문을 만들어 세우고 영원히 잠적하였다고도 한다. 어느 쪽이 사실이든 무리수의 존재를 입증하여 사람들에게 알리고, 그로 인하여 피타고라스학파에서 쫓겨난 것은 분명해 보인다.

피타고라스학파에서는 수의 완전성을 좌우하는 것은 그 수의 약수들이라 생각하고, 모든 양의 진약수의 합이 자신보다 큰 수는 과잉수

(abundant number), 양의 진약수의 합이 자신보다 작은 수는 결핍수(defective number)라고 불렀다. 예로, 12의 모든 양의 진약수 1, 2, 3, 4, 6의 합 16은 12보다 크므로 12는 과잉수이고, 10과 같이 양의 진약수 1, 2, 5의 합 8은 10보다 작으므로 10은 결핍수이다. 이들과는 달리, 모든 양의 진약수의 합이 자신과 일치하는 자연수, 즉 모든 약수의 합이 자신의 2배가 되는 수를 완전수(perfect number)라고 불렀다. 처음 4개의 완전수는 6, 28, 496, 8128로 알려져 있는데, 다음과 같이 이들의 모든 진약수의 합이 자기 자신과 일치함을 확인할 수 있다.

$$
\begin{aligned}
6 &= 1+2+3 \\
28 &= 1+2+4+7+14 \\
496 &= 1+2+4+8+16+31+62+124+248 \\
8128 &= 1+2+4+8+16+32+64+127+254+508+1016 \\
&\quad +2032+4064
\end{aligned}
$$

다음 완전수로는

다섯 번째 : 33,550,336

여섯 번째 : 8,589,869,056

일곱 번째 : 137,438,691,328

여덟 번째 : 2,305,843,008,139,952,128

아홉 번째 : 2,658,455,991,569,831,744,654,692,615,953,842,176

열 번째 : 191,561,942,608,236,107,294,793,378,084,303,638,130, 997,321,548,169,216

등이 있는데, 이와 같이 완전수는 아주 큰 속도로 커짐을 알 수 있다.

유클리드는 이들 완전수를

$$2^1(2^2-1)=6,\quad 2^2(2^3-1)=28,$$
$$2^4(2^5-1)=496,\ 2^6(2^7-1)=8128$$

과 같이 $2^{n-1}(2^n-1)$에 적당한 수를 대입하여 구할 수 있음을 발견하였다. 다섯 번째 완전수인 33,550,336은 $n=13$일 때, 즉 $2^{12}(2^{13}-1)$로 나타낼 수 있다. 유클리드는 (2^n-1)이 소수이면, $2^{n-1}(2^n-1)$은 항상 완전수임을 보였는데, 2,000년이 지난 후, 오일러는 짝수인 완전수는 $2^{n-1}(2^n-1)$ 형태임을 증명하였다. 그러나 홀수인 완전수가 존재하는지는 밝혀지지 않았는데, 적어도 10^{300}까지의 자연수 중에는 홀수인 완전수가 없다는 것이 확인되었다.

그리고 피타고라스학파에서는 조약돌을 정삼각형과 정사각형으로 배열하여, 그들의 개수를 나타내는 자연수를 각각 삼각수와 사각수(또는 제곱수)라 불렀다. 즉, 삼각수는 정삼각형을 형성하도록 배열된 조약돌의 개수로 나타낼 수 있는 자연수를 의미하는데, 삼각형 모양으로 세워져 있는 볼링 핀의 개수 10, 삼각형 모양으로 배치된 포켓볼 개수 15 등이 여기에 해당한다. 실제로, 첫 번째 삼각수는 1, 두 번째 삼각수는 $3(=1+2)$, 세 번째 삼각수는 $6(=1+2+3)$, 네 번째 삼각수는 $10(=1+2+3+4)$이다. 즉, 삼각수는 연속하는 자연수의 합으로 주어지므로, n번째 삼각수는 다음과 같다.

$$\sum_{k=1}^{n} k = 1+2+3+\cdots+n = \frac{n(n+1)}{2}$$

아울러, 피타고라스는 수를 바탕으로 음악에 대한 이론을 세우기도 하였다. 대장간에서 쇠를 치는 소리를 듣고, 소리와 공기의 진동수 사이에는 깊은 연관이 있음을 깨닫고 소리와 수의 관계에 대해 연구하였다. 또 하프의 줄을 튕겼을 때의 소리와 그 줄을 2/3로 줄이고 튕겼을 때의 소리를 비교하여, 줄을 2/3로 줄였을 때 4도 높은 소리가 나며 이들 두 개의 음이 서로 조화를 잘 이룬다는 사실을 알아내었다. 즉, 처음 음계가 도였다면 길이를 2/3로 줄였을 때는 도보다 4도 높은 솔의 소리가 나고, 도와 솔은 조화를 잘 이룬다는 것, 즉 조화음임을 발견하였다.

황금비

황금비(golden rate)는 가장 조화롭고 아름다운 비율이라는 뜻에서 붙여진 이름으로 신성비례라고 부를 정도로 중요시되었다. 특히, 도형이나 입체 등에서는 황금비를 많이 이용하는데, 황금비는 선분의 분할로

$$\text{전체 길이} : \text{긴 길이} = \text{긴 길이} : \text{짧은 길이}$$

를 만족하는 분할의 비를 말한다. 황금비는 무리수인 $(\sqrt{5}+1)/2$ (또는 $(\sqrt{5}-1)/2$)로 나타나는데, 보통 소수점 셋째자리까지인 1.618(또는 0.618)을 황금비로 사용한다. 황금비는 일상생활 속에서도 쉽게 찾을 수 있는데, 예로, 각종 카드, 액자, 책, 가구, 명함과 건물의 크기 등도 대체로 두 변의 비가 황금비에 가깝다.

기하학의 아버지 유클리드

(Euclid, 기원전 325년경~265년경)

기하학(geometry)은 땅을 뜻하는 그리스어인 'geo'와 '측정하다'라는 의미의 'metrein'에서 유래되었다. 실제, 고대 이집트에서는 나일강의 범람에 따른 토지의 관리와 피라미드 건축을 위해 일찍부터 기하학이 발달하였다. 이와 같은, 측정을 위한 기하학은 탈레스에 의해 엄밀성을 가지게 되었다. 이집트인이나 바빌로니아인들이 기하학의 지식을 토지측량이나 토목공사 등 국가의 현실적 문제를 해결하는 도구로 사용한 반면, 노예제도 덕분에 아무 걱정 없이 지낼 수 있었던 그리스인들은 명상을 즐기며, 현실 문제에서 벗어나 관념의 세계에서 '이데아'에 접근하기 위한 이성을 다듬는 도구로서 수학을 취급하였다.

유클리드의 생애에 대해서는 잘 알려져 있지 않다. 플라톤의 아카데미에서 공부한 뒤, 프톨레마이오스 왕의 초청으로 알렉산드리아에서 살았을 것으로 추측하고 있다. 그는 광학, 음악, 천문학 등에 관한 책들을 저술하였는데, 그중 일부는 아랍어로 번역되어 지금까지 남아 있다. 특히, 유클리드는 유클리드기하학의 대성자이며 기하학의 아버지로 불린다.

기원전 300년경, 유클리드는 피타고라스, 플라톤, 히포크라테스 등이 연구한 여러 가지 자료를 정선하고 거기에 자신의 생각을 보태어 465개의 명제로 이루어진 《원론(Elements)》 13권을 저술하였다. 당시 《원론》의 모든 원고는 두루마리 형태의 양피지나 파피루스에 기록되었는데, 이들을 분리하여 두루마리로 말았기 때문에 권(volume)이라고 불리고 있다. 'volume'은 두루마리(roll)를 뜻하는 라틴어로, 권이란 단순히 한 부분임을 뜻한다. 그는 《원론》을 통해 정의, 공준, 공리 등에서 출발한 연역적 기하학을 개척하였다. 《원론》은 1482년에 초판이 인쇄된 이후, 지금까지 1,000판이 넘도록 인쇄되었으며 2,000년 이상 기하교육의 지침서로 사용되어 왔다. 이로 인해, '유클리드' 하면 기하학과 동의어로 통용될 정도로, 이 책은 수학 역사상 가장 성공적인 교재로 인정받고 있다.

641년, 사라센의 오마루 장군이 그리스를 침공하였을 때, 학도들이 도서관을 지키기 위해 장군에게 도서관의 보전을 애원하였으나, 그는 이를 무시하고 6개월의 긴 시간에 걸쳐 도서관의 책들을 모두 불태워 버렸다고 한다. 이러한 탓으로 유클리드의 그리스어 원본은 아쉽게도 남아 있지 않으며, 테온(Theon)이라는 사람이 쓴 교정본을 토대로 전해지고 있다. 사실, 테온은 유클리드의 시대로부터 약 700년 이후의 사람이었다. 이 테온의 교정본은 1000년경 《원론》의 사본이 발견되기 이전까지는 가장 오래된 판이었다. 이 새로운 사본에 대한 연구와 이전 주석가들이 쓴 주해를 검토한 결과, 교정본에서 약간의 수정은 있었지만, 그곳에 수록된 명제나 증명은 유클리드가 쓴 원본과 거의 같다는 사실이 판명되었다.

유클리드는 당시 이집트 왕인 프톨레마이오스 1세의 요구로 기하학에 대한 강의도 하였는데, 왕은 그의 강의를 듣고 기하학의 내용이 너무 방대하고 어려워

"기하학을 익힐 수 있는 빠른 방법이 없는가?"

라고 묻자, 유클리드는

"기하학에는 왕도가 없습니다."

라고 대답했다는 일화가 있다. 이는 학문의 권위를 말하는 것으로서, 자연과학과 같이 엄밀한 이론만이 통하는 세계에서는 아무리 위대한 세속적 권력을 가진 사람이라 하더라도 더 쉽고 빠르게 배울 수 있는 방법은 없다는 것이다.

또 다른 다음의 일화도 전해지고 있다.

유클리드로부터 기하학을 공부하던 한 학생이

"기하학을 배워서 무엇을 얻을 수 있습니까?"

라고 묻자, 유클리드는 하인을 불러 다음과 같이 말했다.

"그에게 동전 한 닢을 갖다 주어라. 그는 항상 배운 것으로부터 무엇을 얻어야만 하니까."

이는 영리를 목적으로 기하학을 공부하는 것이 아님을 강조한 것이리라.

《원론》에서 유클리드는 기존의 중요한 기하학적 사실을 체계적인 형식으로 기술하였다. 기하학의 논리 전개에 필요한 증명 없이 사용

하는 5개의 공준과 크기의 문제에 일반적으로 적용되는 5개의 공리를 바탕으로, 용어에 대한 정의를 명백히 하여 특수한 도형의 특수한 성질이 아닌 일반적인 도형의 일반적인 성질을 정리로서 증명하였다.

《원론》에서 사용하는 평면기하학의 공준과 공리는 다음과 같다.

[공준]
(1) 임의의 서로 다른 두 점은 직선으로 연결할 수 있다.
(2) 직선은 무한히 연장할 수 있다.
(3) 임의의 점을 중심으로 하고 임의의 길이를 반지름으로 하는 원을 그릴 수 있다.
(4) 모든 직각은 같다.
(5) 한 평면 위의 한 직선이 그 평면 위의 두 직선과 만날 때, 같은 쪽의 내각의 합이 2직각보다 작으면 이 두 직선은 그쪽에서 만난다.

[공리]
(1) 같은 것과 같은 것들은 서로 같다.
(2) 같은 것들에 같은 것을 더하면 그 합은 서로 같다.
(3) 같은 것들에서 같은 것을 빼면 그 차는 서로 같다.
(4) 서로 포개어지는 것들은 서로 같다.
(5) 전체는 부분보다 크다.

이렇듯 공준이 기하학적 성격만을 가지고 있음에 비해, 공리는 일반적 명제의 성격을 가지고 있다. 유클리드는 공리를 모든 사람들이 인정하는 명제로 생각한 데 비해, 공준은 기하학을 전개해 나가기 위해서 성립해 주어야 할 명제로 생각하였다. 특히, 공준 (5)는 평행공리로 널리 알려져 있다.

《원론》에는 우리가 예측하는 것과는 달리, 기하학뿐만 아니라 수론과 대수학의 내용도 포함되어 있다. 다음 표는《원론》의 주요 내용을 권별로 요약한 것이다.

권	주요 내용
I	삼각형의 성질과 3개의 합동정리, 평행에 관한 이론 평행사변형, 삼각형, 정사각형 등의 넓이 문제, 피타고라스 정리와 그 역
II	넓이의 변환과 피타고라스학파의 기하학적 대수 대수적 항등식과 동치인 몇 기하학의 명제
III	원, 현, 호의 측정에 관한 정리
IV	정다각형을 주어진 원에 자와 컴퍼스로 내접 또는 외접시키는 작도문제
V	에우독소스이 비례론에 대한 해설
VI	에우독소스이 비례론을 평면기하에 응용한 문제
VII	초등 수론, 두 수의 최대공약수를 구하는 방법(유클리드 호제법)
VIII	초등 수론, 연속비례와 그와 관련된 등비수열
IX	초등 수론, 정수론의 기본정리와 소수의 개수는 무한이라는 등의 중요 정리들을 수록
X	무리수와 관련된 내용
XI	입체기하학, 공간에서의 직선과 평면에 대한 정의와 정리, 평행육면체에 관한 정리
XII	입체기하학, 실진법을 이용한 부피 문제
XIII	입체기하학, 구에 5개의 정다면체를 내접시키는 작도문제

각 면이 모두 합동인 정다각형이고 각 꼭짓점에 모인 면의 수가 모두 같은 입체도형을 정다면체라 하는데, 기하학자들은 오래전부터 5종류의 정다면체의 존재에 대해서는 잘 알고 있었다.《원론》의 465번째이면서 마지막 명제에서 유클리드는 정다면체로는 정사면체, 정육면체, 정팔면체, 정십이면체와 정이십면체의 5종류만 존재함을 증명하였다. 그는 이 명제를 증명하기 위하여, 한 입체각을 이루는 평면각들의 합이 360도 미만이어야 한다는 전제하에 정다면체의 면을 이루

는 다각형의 종류를 생각하여 다음과 같이 증명하였다.

실제로, 정다면체를 이루는 각 면이 정삼각형이면 이들의 평면각은 60도이다. 한 입체각은 3개 이상의 면들이 한 꼭짓점에서 만나야 하는데, 3개의 정삼각형이 만나 입체각이 되는 경우는 정사면체가 된다. 또한, 각 꼭짓점에서 정삼각형 4개가 만나는 정다면체는 정팔면체, 정삼각형 5개가 만나는 정다면체는 정이십면체이다. 그러나 6개 이상의 정삼각형이 한 꼭짓점에서 만나면 평면각들의 합이 360도 이상이 되어 다면체가 될 수 없다.

다음으로, 정다면체를 이루는 각 면이 정사각형인 경우, 각 꼭짓점에서 3개의 정사각형이 만나는 정다면체는 정육면체이다. 한편, 정사각형의 평면각이 90도이므로, 4개 이상의 정사각형이 한 꼭짓점에서 만나는 경우는 평면각들의 합이 360도 이상이 되어 다면체가 될 수 없다. 그리고 정오각형 3개가 각 꼭짓점에서 만나는 정다면체는 정십이면체이지만, 정오각형의 각 평면각은 108도이므로, 4개 이상의 정오각형이 한 꼭짓점에서 만나는 다면체는 있을 수 없다. 따라서 정사면체, 정육면체, 정팔면체, 정십이면체와 정이십면체면체의 5종류의 정다면체만 존재함을 알 수 있다.

유클리드는 기하학에 대한 저명한 책을 집필한 것 이외에도, '각의 삼등분, 정육면체의 부피가 2배가 되는 정육면체의 작도, 원의 넓이와 같은 정사각형의 작도'라는 3대 작도문제를 해결하려고 노력하였다. 이들 문제들을 푸는 데는 실패하였지만, 그 과정에서 원추곡선에 대한 연구를 수행하였다. 또한, $x^2 = 2$를 만족하는 유리수 해가 존재하지 않음을 증명하였으며, 정수론을 연구하여 소수(prime number)가 무한히 많이 존재한다는 것도 증명하였다.

평행공리로 알려진 공준 (5)는 가장 유명하면서도 많은 논란을 불러일으켰다. 이는 이미 고대 시대부터 뜨거운 논쟁의 대상이었다. 왜냐하면, 이 공리는 당위성을 갖고 있지 않은 것 같았으나, 다른 공리들처럼 당연한 것 같기도 하였기 때문이었다. 많은 수학자들이 나머지 공리에서 평행공리를 증명하고자 시도하였는데, 그 과정에서 평행공리와 필요충분조건인 여러 정리들을 발견하였다. 이에 대한 논란은 벨트라미(Beltrami)가 1868년 미분기하학을 이용하여 비유클리드기하학이 상대적으로 모순이 없음을 증명함으로써 종결되었다.

공리와 공준

공리와 공준은 주어진 문장을 증명 없이 옳다고 받아들이는 가장 기본적인 가정이다. 예를 들어, "두 점을 지나는 직선은 단 하나 밖에 없다."와 "평면의 모든 점이 한 직선 위에 있는 것은 아니다." 등이 그것이다. 유클리드는 기하학적 내용인 공준과 일반적 내용인 공리로 구별하여 사용하였다. 공리 또는 공준으로 인정받기 위해서는 무모순성과 독립성을 만족하여야 한다.

공리(axiom)는 '원리'를 의미하는 라틴어 'axioma'에서 유래되었으며, 공준(postulate)은 '요청'을 의미한다. 유클리드는 공준과 공리는 자명한 명제임을 바탕으로, 기하학적 직관에 의존하지 않고 논리의 전개만으로 증명을 이끌었다.

3대 작도문제

다음은 유명한 3대 작도문제이다.

(1) 주어진 정육면체 부피의 2배의 부피를 갖는 정육면체의 모서리를 작도하는 문제

(2) 임의의 각을 삼등분하는 문제

(3) 주어진 원과 같은 넓이를 갖는 정사각형을 작도하는 문제

이들 작도문제는 눈금이 없는 자와 컴퍼스만을 가지고 해결하여야만 하는데, 이 문제들을 풀이하기 위한 연구들은 그리스 기하학 발전에 심대한 영향을 끼쳤다. 19세기에 이르러서야 이들 3대 작도문제는 불가능한 것으로 밝혀졌다.

유레카를 외친 아르키메데스

(Archimedes, 기원전 287년경~212년경)

아르키메데스는 지렛대의 이론, 부력의 원리, 구적법 등 수학과 물리학에 큰 업적을 남겨 유클리드, 아폴로니우스와 함께 고대의 3대 수학자로 꼽힌다. 그는 시칠리아의 시리쿠시에서 태어났으며, 적분학의 전신인 구적법을 연구하였고 구면과 그에 외접하는 원기둥과의 관계를 밝히기도 하였다. 또한, 수학과 공학 사이에 새로운 지표를 세운 위대한 수학자로, 현대 공학의 정신적 아버지라고도 불린다.

우리는 대개 그리스어 한 마디는 알고 있는데, 바로 아르키메데스가 외쳤다는 '유레카(Eureka)'이다. 유레카라는 말을 들으면 아마도 벌거벗고 길거리를 달리고 있는 아르키메데스가 먼저 떠오를 것이다.

기원전 3세기경, 아르키메데스를 아끼고 후원하던 히에론 왕은 금세공인에게 금으로 왕관을 만들도록 하였다. 금세공인이 왕관을 만들어 가지고 왔을 때, 그가 금을 빼돌리고 다른 물질을 섞어서 왕관을 만든 것은 아닌지 의심이 든 히에론 왕은 아르키메데스에게 왕관을 손상하지 않고 그 진위를 식별해 달라는 부탁을 하게 된다. 이로 인해 고심을 거듭하던 아르키메데스는 우연히 목욕탕에 들어갔다가 물이 넘치는 것을 보고 물속에서는 자기의 몸의 부피에 해당하는 만큼 무게가 가벼워진다는 것을 문득 알아내었다. 흥분한 그는 옷도 입지 않은 채 목욕탕에서 뛰쳐나와 "유레카! 유레카!(알았다! 알았다!)"라고 외치며 집으로 달려갔다. 그러고는 저울의 한쪽 접시 위에는 왕관을 올려놓고 다른 접시 위에는 똑같은 무게의 순금을 올려놓은 다음, 이것을 물속에 넣어 저울대가 순금 쪽으로 기우는 것을 보고 금관이 위조품인 것을 알아내었던 것이다. 그는 이 원리를 응용하여 유명한 아르키메데스의 원리(Archimedes' principle)를 발견하였다. 즉, 위조 왕관에는 은이 섞여 있었기 때문에 같은 무게의 순금보다 부피가 크고, 따라서 그만큼 부력도 컸던 것이었다.

한편, 아르키메데스는 히에론 왕에게 종종 수학을 가르치곤 하였다. 왕이 아르키메데스에게 "수학은 배워서 어디에 쓰는가?" 라고 물었을 때, 그는 '지렛대와 도르래로 무거운 물체를 들 수 있는 것도, 포물선의 성질을 이용한 포물거울로 햇빛을 모아 로마함대를 무찌를 수 있었던 것도 모두 수학 덕분'이라고 설명하였다고 한다. 또한, 왕의 명령으로 거대한 군함을 육지에서 만들어 어떻게 바다로 옮겨야 할지를 걱정하고 있을 때, 아르키메데스는 거대한 지렛대 장치를 만들어 간단히 바다로 옮긴 후

"지탱할 곳을 나에게 달라. 그러면 지구를 움직여 보일 것이다."

라는 유명한 말을 남겼다고 한다.

플루타크의 영웅전에 나와 있는 아르키메데스의 최후는 유명하다. 지중해의 패권을 차지하기 위하여 로마와 카르타고 사이에 일어난 제2차 포에니전쟁 때, 아르키메데스가 살고 있던 시라쿠사는 카르타고의 편을 들어 로마군의 공격을 정면으로 받게 되었다. 로마군의 마르켈루스장군은 8척의 군함을 연결하여 그 위에 높다란 하프형의 대를 만들어 대포를 설치하였다. 자만심에 들뜬 마르켈루스는 자신들의 이름만 들어도 시라쿠사인들이 항복하리라고 생각하였다. 그러나 시라쿠사인들은 아르키메데스가 만들어 낸 거대한 투석기로 1톤이 넘는 돌을 연이어 쏘아 로마군의 배를 부수고, 커다란 볼록렌즈를 이용하여 배를 불태우기도 하였다. 또한, 기중기와 쇠로 된 갈고리로 성벽 가까이 다가오는 배를 낚아채 바위에 던져서 부수고 침몰시켰다. 그러나 아쉽게도 정면 공격을 단념한 로마군의 배후 공격으로 시라쿠사는 전쟁에서 패배했다.

로마의 침공 중에도 아르키메데스는 모래 위에 도형을 그리고 있었는데, "나의 도형을 밟지 마시오."라는 아르키메데스의 말을 무시한 로마 병사는 단칼에 그를 살해하고 말았다. 비록 서로 적이었지만 아르키메데스를 만나고 싶어 했던 마르켈루스는 그의 죽음을 애석하게 생각하고, 평소 그의 소원대로 묘비에 원뿔, 구, 원기둥이 각각 내접해 있는 오른쪽과 같은 모양의 그림을 새겨주었다. 아르키메데스가 살해되고 137년이 지난 기원전 75년, 키케로가 로마의 감찰관으로 시칠리아 섬에 갔을 때, 그는 아르키메데스의 무덤을 찾기 위해 모든 공동묘지의 묘비를 조사하던 중 가시덤불 속에서 그의

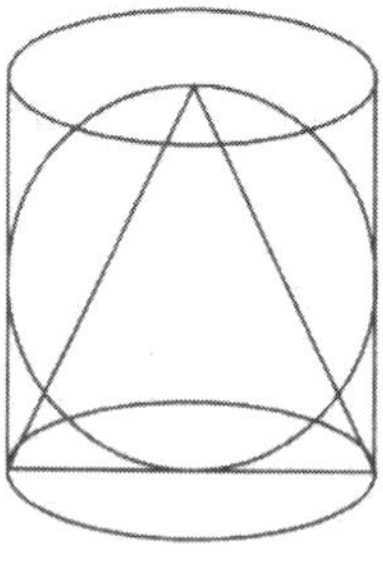

묘비를 찾아내었다. 그러나 시간이 흐름에 따라 묘비는 다시 자취를 감추었다가 1965년 어느 호텔의 기초공사 중 발견된 묘비에 원기둥에 내접하는 구의 그림이 새겨져 있었다고 한다.

이제, 아르키메데스의 묘비에 새겨진 내접하는 원뿔, 구, 원기둥 사이에는 어떤 조화로움이 있는지 살펴보자.

원기둥의 밑면의 반지름을 r, 높이를 h라 하면, 원뿔의 부피는 $\frac{1}{3}\pi r^2 h$, 구의 부피는 $\frac{4}{3}\pi r^3$이고 원기둥의 부피는 $\pi r^2 h$이다. 여기서는 구가 원기둥에 내접하므로 $h = 2r$이고, 따라서 원뿔, 구 및 원기둥의 부피는 다음과 같다.

$$\text{원뿔의 부피} = \frac{2}{3}\pi r^3, \quad \text{구의 부피} = \frac{4}{3}\pi r^3,$$
$$\text{원기둥의 부피} = 2\pi r^3$$

따라서 이들 입체도형의 부피 사이에는

$$\text{원뿔의 부피} : \text{구의 부피} : \text{원기둥의 부피} = 1 : 2 : 3$$

의 관계가 성립한다. 아르키메데스는 세 입체도형의 부피의 비가 $1:2:3$으로 이루어진 것을 발견하고 매우 아름답다고 생각하였다고 한다. 이것은 아르키메데스가 고심 끝에 발견한 구에 외접하는 원기둥의 부피는 구 부피의 1.5배임을 보여준다. 그는 우주는 수학적으로 조화롭게 이루어져 있으며, 그중에서도 1, 2, 3, ...과 같은 자연수는 그 기본을 이룬다고 생각하였다.

아울러, 아르키메데스는 무한소의 개념을 사용하여 원주율을 구하려고 하였는데, 그는 많은 변을 갖는 다각형이 임의의 원에 내접하는 경우와 외접하는 경우를 비교하여 원주율을 계산하였다. 즉, 다음 그림에서와 같이, 원의 둘레는 그에 외접하는 다각형의 둘레보다 짧고 내접하는 다각형보다 길다. 이때, 다각형의 변이 많을수록 외접하는 경우와 내접하는 경우의 둘레 차이는 작아지므로 원의 둘레에 근사하게 된다.

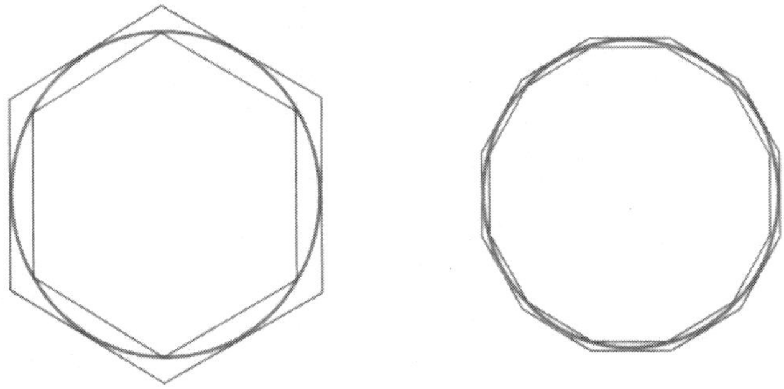

따라서 지름이 d 인 원에 내접하는 변의 수가 n 개인 정n 다각형의 둘레를 P_n 이라 할 때, 원주율 π는 극한 $\lim_{n \to \infty} \frac{P_n}{d}$ 을 계산하여 구할 수 있다. 실제로, 아르키메데스는 원에 내접 및 외접하는 정96각형의 둘레를 각각 구하여 원주율 π가 다음 범위의 값을 가짐을 계산하였다.

$$3\frac{10}{71} < \pi < 3\frac{1}{7}$$

즉, 원주율이 $3.140845\cdots$ 보다 크고 $3.142857\cdots$ 보다 작은 수임을 구하였다. 우리가 흔히 사용하는 π의 값이 $3.141592\cdots$ 이므로, 2,200여년 이전에 아르키메데스가 계산한 π의 값은 상당히 정확했다고 할 수 있다. 한편, 17세기 초 네덜란드의 수학자 쿨렌은 원에 내접 또는 외접하는 정2^{62}각형을 이용하여 원주율을 소수 35자리까지 구하였다.

아르키메데스가 커다란 볼록렌즈를 사용하여 로마 군의 배를 불태우고, 투석기, 기중기 등의 병기를 발명하여 조국을 지키며, 스크루를 발명하여 생활을 편리하게 하는 등 여러 발명을 한 것은 현실을 개선하려는 끊임없는 연구의 결과일 것이다. 학문에 대한 열정과 집중력은 물론, 수학을 위해서 목숨을 바친 아르키메데스의 영혼과 정신은 순수하고 당당하였다.

로마 병사에 의한 아르키메데스의 죽음은 상징적인 사건이었다. 그 이후, 로마 제국은 그리스의 여러 도시국가를 병합하고 지중해를 제패하였으나, 로마는 순수과학 분야에서 독자적인 성과를 내지 못하고, 피정복국가인 그리스, 이집트, 카르타고 등의 문화를 흡수하고 모방하는 데에 그쳤다. 로마는 그리스의 문화를 강탈하기는 하였지만, 제대로 발전시키지는 못하였다. 특히, 수학은 로마인들의 관심 밖의 일이었으며, 수의 표기나 사용에 번거로운 5진법을 사용하였다. 로마는 그리스에 비해 순수과학은 꽃피우지 못했지만, 현대적 의미의 테크놀로지 분야에서는 나름의 독자적인 발전을 이루었다.

원주율

반지름이 r인 원의 둘레 l과 지름의 길이 $2r$과의 비는 반지름에 관계 없이 항상 일정하다. 이 비 $l/2r$을 원주율이라 하며, 둘레를 뜻하는 그리스어 $\pi\varepsilon\rho\acute{\iota}\mu\varepsilon\tau\rho o$ (perimeter)의 머리글자를 따서 π로 나타낸다.

고대에서는 원주율을 얼마로 계산하였을까? 고대 메소포타미아에서는 원주율을 3으로 계산하였으며, 고대 이집트에서는 원통형 바퀴를 굴려 원주율을 256/81로 측정하여 사용하였다. 아르키메데스 이후, 독일의 루돌프는 원주율을 소수 35자리까지 구하는데 일생을 바쳤으며, 그는 유언으로 자신이 계산한 π의 값을 그의 묘비에 새기도록 하였다.

1949년에는 에니악 컴퓨터를 사용하여 2,037자리까지 원주율을 계산하였으며, 컴퓨터 성능의 발전과 효율적인 알고리즘의 개발로, 도쿄대학의 카나다 교수는 2002년에 히타치 슈퍼컴퓨터를 이용하여 원주율을 1조 2,411억 자리까지 계산하였다.

다섯 번째 수학자 이야기

해석기하학의 주춧돌 아폴로니우스

(Apollonios, 기원전 262년경~190년경)

아폴로니우스는 소아시아의 페르게에서 태어나, 주로 알렉산드리아에서 활약하였다. 유클리드와 마찬가지로 그도 자신의 이론을 정리한 많은 업적을 남겼다. 그의 대표작으로는 《원뿔곡선론(conica)》을 들 수 있다.

코니카(conica)는 '단면'이라는 뜻으로, 원추형의 단면을 의미한다. 이 책의 절반은 그때까지 알려진 원추형에 관한 이론들을 체계적으로 정리한 것이고, 나머지 절반은 아폴로니우스가 발견한 이론들을 기록한 것이다. 이들 중에서 전통적인 문제를 다루고 있는 4권까지는 그리스어로 보존되어 있지만, 5권부터 7권까지는 아랍어 번역본으로 전해지고 있다. 8권은 분실되어 현존하지 않지만, 아폴로니우스에 대한 여러 보고서를 토대로 그 내용을 유추하여 재구성하였다고 한다. 이러한 아폴로니우스의 잃어버린 위대한 여러 작품들과 《원뿔곡선론》을 재구성한 페르마 등의 여러 수학자들의 노력은, 결과적으로 현대 해석기하학 발전에 많은 기여를 하였다.

다음은 8권으로 이루어진 《원뿔곡선론》의 대략적인 내용을 권별로 정리한 것이다.

1권 : 원추형 단면들의 생성
2권 : 단면들의 축과 지름의 계산
3권 : 단면의 횡단선, 극점 이론
4권 : 원이 아닌 단면들과 공유할 수 있는 점들
5권 : 단면까지의 최장 또는 최단거리 구하기
6권 : 같거나 비슷한 단면들에 관한 연구
7권 : 접하는 지름들의 특성
8권 : 원추형 단면들에 관한 특별한 구조적인 문제들

아폴로니우스는 알렉산드리아에서 오랫동안 살고 있었음에도, 무슨 이유때문인지 《원뿔곡선론》을 아탈로스 1세 등 페르가몬의 실력자들에게 바쳤다고 한다. 이는 알렉산드리아의 프톨레메오 왕의 심기를 불편하게 하여, 아폴로니우스가 생의 마지막을 힘들게 보냈을 것으로 추측한다.

아폴로니우스는 원을 밑변으로 하는 원뿔의 단면에 오늘날 사용하고 있는 포물선, 쌍곡선, 타원이라는 이름을 붙이고, 이들의 성질에 대해 체계적으로 밝혔다. 이것의 일반화는 방법론상의 진보를 가져왔고, 원뿔곡선으로 일괄하여 취급할 수 있게 되었다. 원뿔곡선의 특징과 응용은 그에 의하여 거의 종결되었다. 이 밖에 그는 '아폴로니오스의 원'으로도 유명하다.

아폴로니우스의 원에 대해서 좀 더 알아보자.

주어진 두 점 A, B에 이르는 거리의 비가 $m:n$인 점의 자취는, 다음 그림과 같이 선분 $\overline{AB}$를 $m:n$으로 내분하는 점과 외분하는 점을 지름의 양끝으로 하는 원이 된다. 이 원을 우리는 아폴로니우스의 원이라 부른다. 여기서, $m:n=1:1$인 점의 자취는 선분 $\overline{AB}$의 수직이등분선이다.

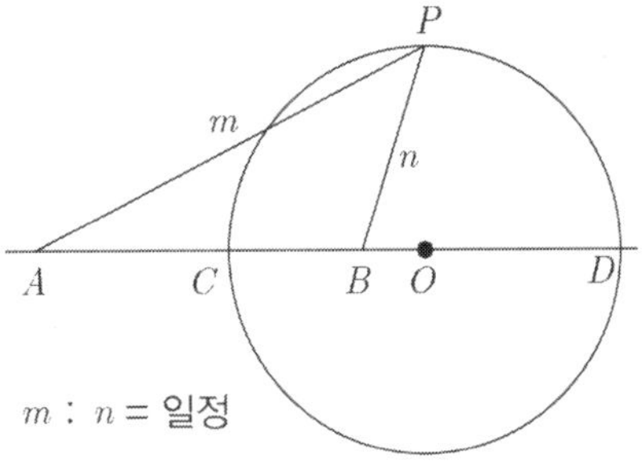

이제, 아폴로니우스 원 하나를 유도해 보자.

계산의 편의를 위해 두 정점 A, B가 x축 상에 놓여 있다고 가정하고, A의 좌표를 $(-2a,\ 0)$, B의 좌표를 $(a,\ 0)$라 두자. 이때, 거리의 비가 $2:1$인 점을 $P(x,\ y)$라 하면, 다음을 만족한다.

$$4\{(x-a)^2+y^2\}=(x+2a)^2+y^2$$

이 식을 정리하면, 다음 원의 방정식이 유도된다.

$$(x-2a)^2+y^2=(2a)^2$$

원뿔곡선

직원뿔을 그 꼭짓점을 지나지 않는 평면으로 잘랐을 때 생기는 단면의 평면곡선들을 원뿔곡선(conic curve) 또는 원추곡선이라 한다. 원뿔곡선은 원뿔의 축에 대한 평면의 기울기가 모선의 기울기에 비해 큰가, 작은가, 같은가에 따라 각각 쌍곡선, 타원, 포물선이 된다. 아폴로니오스가 실행한 원뿔곡선의 계량적 연구는 고대의 위대한 수학적 업적으로 꼽힌다.

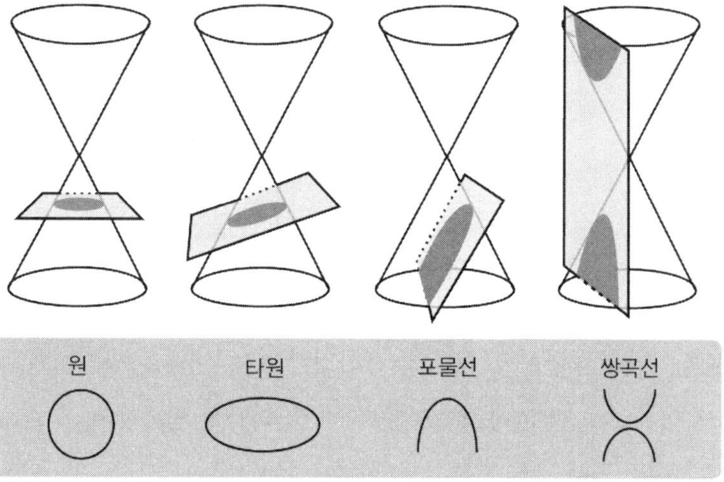

여섯 번째 수학자 이야기

대수학의 아버지 디오판토스

(Diophantos, 200년경~284년경)

디오판토스는 유클리드의 《원론》만큼이나 정수론 분야에서 중요한 《산학(Arithmetica)》을 저술한 알렉산드리아의 수학자로, 대수학의 아버지 또는 정수론의 아버지라고 불린다. 디오판토스가 활동하던 당시의 알렉산드리아는 국제적인 수학의 중심지였고, 수학은 이미 철학과 천문학에서 분리되어 여러 갈래로 분화되어 발전되고 있었다.

디오판토스는 부정방정식의 해법에 대해서 많은 연구를 하였는데, 《산학》 이외에도, 《다각수에 관하여》, 《계론》 등의 저서를 남겼다. 《다각수에 관하여》는 일부만 전해지고 있으며 《계론》은 분실되었다. 《산학》은 2,000년 가까이 유럽에서 교과서로 쓰일 만큼 중요한 책으로 대수적 수론을 해석적 논법으로 저술되었으며, 13권 중에서 6권은 현재까지 전해지고 있다. 이 6권의 책에는 약 130여 개의 다양한 문제와 풀이를 다루고 있는데 주로 일차 또는 이차방정식과 관계된 것이다. 제1권은 미지수가 하나인 정방정식에 관한 문제를, 나머지 책에서는 2개 또는 3개의 미지수를 갖는 이차 이상의 고차 부정방정식에 관한 문제를 다루고 있다. 그러나 놀라운 것은 이들은 일반적 해법으로 푸는 것이 아니라 각 문제마다 특별한 방법으로 해를 구하고 있다는 사실이다. 디오판토스는 단지 양의 유리해만을 인정하고 대부분의 경우에 하나의 답만으로 만족하였다. 이에 따라, 유리해만을 구하는 부정 대수문제를 흔히 디오판토스 문제라고도 한다.

디오판토스는 《산학》에서 다음 문제들을 제시하고, 특별한 방법으로 해를 구하고 있다.

> "두 수가 있다. 그 합은 20이고 그 제곱의 차가 80일 때, 두 수를 구하여라."

이 문제에 대한 디오판토스의 특별한 해법을 오늘날의 수학적 표현으로 나타내면 다음과 같다.

두 수를 $x+10$과 $10-x$으로 두고, 이들을 제곱하면 각각

$$x^2+20x+100, \qquad x^2-20x+100$$

이므로 이들의 차는 $40x=80$이고, $x=2$이다. 따라서 구하려는 두 수는 12와 8이다. (여기서, 독자들은 대부분 두 수를 x, y라 두고 풀이를 시작할 것이다. 그러나 당시로서는 우리가 이해할 수 없는 방법을 사용하고 있음에 유의하기 바란다.)

또한, 그는 $\frac{5}{4}$와 2 사이에 있는 유리수의 제곱수를 구하는 문제에서, 이들을 64배 하여 80과 128 사이에서 제곱수 100을 구한 다음, 다시 64로 나누어 제곱수 $\frac{25}{16}$를 구하고 있다.

디오판토스는 마이너스(−), 미지수, 상등, 거듭제곱 등의 기호를 조직적으로 사용하였다. 《산학》은 아라비아어로 번역되어 그곳 학자들에게 많은 영향을 끼쳤으며, 그 후에는 라틴어로 번역되어 중세 말기에 유럽으로 전파되어 대수학 발전에 공헌하였다. 디오판토스는 미지수를 삼각형(△)으로 나타내어 숫자 대신 문자를 처음으로 사용하였다. 디오판토스 이전에는 연산과 논리, 그리고 해를 포함한 모든 대수학 문제를 기호 없이 표현하였으나, 그는 그리스 대수학에 최초로 기호를 사용하였으며, 하나 이상의 미지항이 있는 문제에서는 가능하면 그들 가운데 하나로 모든 미지항들을 표현하여 혼동을 피하고자 하였다. 실제, 대수란 숫자를 대신한다는 뜻으로 사용된다.

디오판토스는

$$(a+b)^2=a^2+2ab+b^2,\quad (x-a)(x-b)=x^2-(a+b)x+ab$$

등의 공식을 기하학을 사용하지 않고 나타내어 이차방정식의 해법을 연구하였다. 또한, 다음과 같은 3가지 형태의 이차방정식을 개별적으로 풀려고 하였다.

$$ax^2+bx=c,\quad ax^2=bx+c,\quad ax^2+c=bx$$

오늘날 우리는 위의 3가지 형태의 이차방정식을 모두 $ax^2+bx+c=0$의 하나의 형태로 나타낼 수 있는데, 그 당시에는 0의 개념이 존재하지 않았고, 각 방정식의 계수 a, b, c를 모두 양수로만 생각하고 음수로는 생각하지 않았기 때문이었다.

디오판토스가 살았던 그리스 시대에는 주로 기하학만이 연구되었고 산수와 대수가 분리되지 않은 상태였다. 디오판토스가 약자(또는 문자)를 도입함으로써 대수는 산수에서 확실하게 구분되어 갈라지게 된다. 두 학문의 가장 큰 차이점은 바로 문자의 사용 여부와 음수를 수로 인정하느냐 하는 점이다. 디오판토스의 이러한 공로와 수학에 대한 열정을 문제 하나로 대신한 그의 묘비명은 참으로 멋진 생각이 아닐 수 없다.

정수론에 관한 디오판토스의 업적은 그가 남긴 책에 의하여 잘 알려져 있지만, 수학 이외에 그에 대해서 알고 있은 것은 거의 없다. 산술 풍자시의 해설집인 《그리스 시집》에는 다음과 같은 디오판토스의 묘비명이 실려 있는데, 이것으로 그의 인생 역정을 알 수 있을 뿐이다.

지나가는 나그네여
이 비석 밑에는 디오판토스가 잠들어 있소.
그의 생애를 수로 말하겠소.
생애의 1/6은 소년이었고
그 후 1/12이 지나서 수염이 나기 시작하였고
또 다시 1/7이 지나 결혼하였소.
결혼을 하고 5년 후에 아들을 낳았는데
그 아들은 아버지 생애의 1/2만큼 살다 죽었으며
아들이 죽고 난 4년 후에
디오판토스는 일생을 마쳤소.

이 묘비의 해답을 구하기 위하여 디오판토스의 나이를 x로 두고, 묘비에 있는 순서대로 식을 세우면

$$\frac{x}{6} + \frac{x}{12} + \frac{x}{7} + 5 + \frac{x}{2} + 4 = x$$

이므로, 이를 풀면 디오판토스는 84세에 사망한 것이 된다.

디오판토스는 다항식 표현에서 양항을 음항보다 먼저 썼으며, 문자를 계수 앞에 나타내었다. 예로서, 오늘날 우리가 사용하는 방정식

$$x^3 - 5x^2 + 8x - 1 = 3x^2$$

을 그는

$$x^3 1\, x\, 8 - x^2 5\, x^0 1 = x^2 3$$

으로 나타내었다.

부정방정식

부정방정식(indeterminate equation)은 일정한 해를 가지지 않는 대수방정식으로, 디오판토스의 방정식이라고도 한다. 부정방정식의 특징은 통일적 풀이 방법이 이루어지기 어렵다는 데 있으며, 일반적으로 미지수의 개수보다 방정식의 개수가 부족하여 해가 무한히 많은 경우, 정수나 실수 등의 조건을 보충하여 풀이한다.

디오판토스의 부정방정식 문제인 "주어진 평방수를 두 개의 평방수로 나누어라."는 후에 페르마에게 영향을 끼쳐, 페르마의 정리가 되었다고 한다. 17세기 초에 활약했던 프랑스 수학자 페르마(Fermat, 1601~1665)는 디오판토스의 《산술》을 공부하면서 그 여백에 자신의 생각을 이것저것 적어놓았는데 그중 하나가 바로 유명한 페르마의 마지막 정리이다.

고대 중국의 수학자 유휘

(Liu Hui, 220년경~280년경)

중국인들은 전통적으로 기술을 개발하고 백성들의 생활을 윤택하게 한 사람을 성인이라고 불러 높이 칭송하였다. 즉, 성인은 그리스의 철학자처럼 중국사회에서 이성적인 인간상이었다. 고대 중국의 수학은 유클리드 기하에 비교할 만큼 논증적인 학문은 아니었지만, 거의 비슷한 시기에 《구장산술》이라는 수학에 관한 대표적인 고전이 편찬되었다. 이 책에서는 현실적인 문제를 대수적인 방법으로 취급하였으며, 당시 중국 사회에서 필요로 했던 실제적인 문제를 주로 다루었다.

유휘는 중국 삼국시대 위나라의 수학자로, 《구장중차》를 저술하였는데, 이는 당나라 초기에 《해도산경》으로 이름이 바뀌었다. 중국의 고대 수학서 10종을 《산경십서》라고 하는데, 이들 중에서 가장 으뜸인 《구장산술》은 이 중에서 두 번째로 오래된 책이다. 263년, 유휘는 《구장산술》에 독자적으로 주석을 가하여 귀중한 수학서인 《구장산술주》를 편찬하였다.

《구장산술》의 저자와 저작 연대는 정확히 알려져 있지 않지만, 수백년 동안 이루어진 중국 고대 수학의 핵심 내용을 정리한 책으로, 소재가 다양하고 내용의 수학적 수준이 높아 당나라 이전까지는 가장 훌륭한 수학책으로 평가받고 있다. 이 책에서는 원에 내접하는 정192각형으로 원의 넓이의 근삿값을 계산하여 원주율을 구하고 있으며, 가우스 소거법 등 서양에 앞서 동양의 수학자들에 의해 오래전부터 연구된 위대한 업적들이 다수 포함되어 있다. 그리고 뛰어난 기하학적 직관으로 극한을 구하는 방법을 이용하여 여러 입체의 부피도 구하고 있다. 《구장산술주》는 단순한 주석서에 그치지 않고, 유휘가 수학자로서 진가를 발휘한 귀중한 자료가 되었다.

이제, 《구장산술주》를 통해 그가 이룬 수학적 업적에 대해 알아보자.

먼저, 유휘는 수학용어의 정의를 통하여, 추상적이고 일반화된 내용을 다루는 기초를 확립하였는데, 이는 이전의 중국 수학을 새로운 방향으로 바꾸는 전기를 이루었다. 그는 엄격한 증명을 통하여 수학의 체계를 재정리하였으며, 실측 또는 계산 위주의 수학으로 발생하는 오류를 지적하였다. 그리고 분수의 사칙구조, 즉 유리수체의 구조를 정립하여 비례의 기본 성질을 정확히 이해하였다. 또한, 닮은 삼각형의 성질을 이용한 측량문제의 해결은 유휘의 창의적인 방법으로 9장인 구고편에 적고 있다. 따라서 기존의 《구장산술》과 유휘의 《구장산술주》는 수학적, 철학적 동기의 입장에서 보면 완전히 다른 업적으로 보아야 할 것이다. 다시 말하면, 유휘의 《구장산술주》는 《구장산술》에서 제공하는 자료들을 학문적 경지로 끌어올린 책이라고 할 수 있다.

《구장산술》은 다음 표와 같이, 모두 9장으로 구성되어 있는데, 책에 수록된 실용적인 문제들은 고대 중국의 사회 및 경제사에 대한 사료로서도 그 가치가 인정된다. 표에서와 같이, 정수와 분수의 사칙연산, 넓이와 부피, 세금분배 및 식량교환 등에 관한 계산과 함께, 연립일차방정식의 해법과 측량을 위한 수학도 포함하고 있다.

장	명 칭	내 용	문제 수	비 고
1	방전(方田)	전묘의 넓이를 구하는 계산	20문	분자 · 분모 · 통분의 용어 사용
2	속미(粟米)	금전미곡의 교역산	46문	
3	쇠분(衰分)	비례 계산	20문	
4	소광(少廣)	넓이에서 변과 지름을 구하는 계산	24문	방전장의 역 제곱근풀이 소개
5	상공(商功)	토목공사에 관한 문제	28문	
6	균륜(均輸)	물자수송의 계산	28문	
7	영부족(盈不足)	분배의 과부족 계산	20문	
8	방정(方程)	연립일차방정식 계산문제	18문	가감법 사용
9	구고(句股)	직각삼각형에 관한 문제	24문	이차방정식 취급

《구장산술》에 수록된 각 문제는 [물음], [답], [풀이(계산법)]의 순으로 작성되어 있다. 피타고라스 정리를 이용하는 직각삼각형 문제도 많이 있는데, $a^2+b^2=c^2$과 같은 일반 명제가 아닌 $3^2+4^2=5^2$과 같은 구체적인 경우에 대해서만 다루고 있다.

마지막으로, 《구장산술》에 수록된 일부 문제를 소개한다.

[문제 1] 이완지승가(그릇으로 스님 수를 알아맞히는 노래) 문제
높고 높은 산속에 오래된 절이 있는데,

절 안에 스님들은 몇 분인지 모르겠네.
그릇은 모두 364개로
딱 맞게 다 쓰시면서 다툼이 없는데,
셋이서 밥 한 그릇을 함께 잡수시며
넷이서 국 한 사발을 같이 드신다네.
선생께서는 산술에 능하시다니 묻겠노라.
절 안에는 스님이 몇 분이나 계시는가?

[답] 624명

[풀이] 이 문제에서 구하려는 스님의 수를 x라 두면, 밥그릇 수는 $x/3$이고 국그릇 수는 $x/4$이므로, 다음 일차방정식

$$\frac{x}{3}+\frac{x}{4}=\frac{7x}{12}=364$$

에서 승려의 수는 624명임을 알 수 있다.

[문제 2] 원형의 땅이 있다. 둘레가 30척, 지름이 10척일 때, 그 넓이는 얼마인가?

[답] 75척^2

[풀이] 반지름에 원둘레의 반을 곱하여라. 여기서는 원주율을 3으로 계산하고 있다.

다음 문제에서 1말은 10되를 나타내는 부피의 단위이다. 이는 연립일차방정식의 해를 구하는 간단한 문제이므로, 독자들이 직접 답을 확인해보라.

[문제 3] 1등품의 볏단이 5다발 있다. 이 중에서 벼 1말 1되를 줄이면 2등품의 벼 7다발을 얻을 수 있다. 또, 1등품의 7다발에서 벼 2말 5되를 줄이면 2등품의 벼 5다발을 얻는다고 하

자. 이때, 1, 2등품의 볏단 하나의 벼는 각각 얼마인가?

[답] 1등품 볏단은 5되, 2등품 볏단은 2되

우리나라 수학

우리나라 수학은 언제 어떻게 시작되고 발전되었을까? 중국에는 약 2,000년 전부터 《구장산술》이라는 유명한 수학서가 있었고, 당나라 때에는 원주율을 3.1415927로 사용하였다. 이렇게 발달한 중국 수학이 신라에 전해져, 우리나라에서는 신라시대부터 정식으로 수학교육을 실시하게 되었다. 우리가 사용하고 있는 구구단은 지금으로부터 약 1,200년 전에 전해진 것으로, '구구 팔십일, 구팔 칠십이' 등과 같이 9단부터 먼저 외웠기 때문에 구구단이라 불리게 되었다.

— 여덟 번째 수학자 이야기 —

수학을 아름답게 만든 피보나치

(Leonardo Fibonacci, 1180년경~1250년경)

피보나치의 원래 이름은 레오나르도 피사노였는데, 피보나치란 별명으로 더 잘 알려져 있다. 그는 이탈리아 피사에서 태어난 수학자로, 비골로라는 이름을 종종 사용하였는데, 이는 '아무 짝에도 쓸모없는' 또는 '여행자'라는 뜻이다.

피보나치의 아버지는 피사의 상업 도시 국가에서 수완이 탁월한 상인으로, 당시 지중해에서 강력한 권력을 가진 사람 중 한 명이었다. 그는 북부 아프리카 지역의 무역통상 대표이자 세관원으로 임명받게 되자, 아들 피보나치를 데려가 최신의 이슬람 수학을 배울 수 있도록 하였다. 이와 관련하여, 피보나치는 그의 유명한 저서 《산반서》에 다음과 같이 적고 있다.

"피사의 상인들을 대행하는 버기아 세관의 서기로 임명받은 아버지는 어린 나를 불렀다. 유용한 것과 미래에 편리한 것에 주목한 아버지는 내가 그곳에 머무르며 회계 학교에서 공부하기를 바랐다. 내가 훌륭한 지도를 받아 인도인들의 9개의 기호가 나타내는 예술을 알게 되었을 때, 나는 그 무엇보다도 그 예술에 대한 지식을 이해하게 되어 기뻤다. 그리고 이집트, 시리아, 그리스, 시칠리아와 프로방스에서 다양한 형태의 그 예술을 모두 공부했다."

피사에 돌아온 피보나치는 그동안 여행하면서 공부한 내용을 바탕으로, 그의 첫 번째 위대한 저서 《산반서》를 1202년에 완성하였다. 계산에 관한 책인 《산반서》는 오늘날 인도-아라비아 숫자와 그 숫자들로 더하고 빼고 곱하고 나누는 방법을 서양에 전달한 중요한 책이다. 하지만, 보다 작으면서 쉽게 이용할 수 있었던 《산반서》의 요약판인 《소책자》만큼 큰 영향을 미치지는 못했다. 요약판은 오늘날 사본조차도 남아 있지 않지만, 상인들 사이에 널리 유포되어 사용되었을 것으로 추정한다. 사실, 피보나치가 유럽에서 인도-아라비아 수체계의 대중화를 최초로 시도한 사람은 아니었다. 당시 사람들은 주판을 사용하여 계산하고 그 결과를 로마 숫자로 기록하는 주산파와 새로운 숫자를 직접 사용하여 계산하는 알고리즈미 기수법파로 나뉘어 있었다. 이로 인해, 《산반서》가 이들 사이에 빠르게 스며들거나 쉽게 상황을 변화시키지는 못했다.

대중들은 새롭고 친숙하지 않은 숫자를 사용하는 데에 찬성하지 않았으며, 로마 숫자를 읽을 수 있는 사람들은 새로운 수 체계를 사용하는 엘리트주의자들에게 소외감을 느끼지도 않았다. 중세에 로마 숫자로 작성된 상인들의 장부를 보면, 상인들이 지조 있게 주산파에 속해 있었음을 알 수 있다. 공무상의 저항도 있었는데, 1299년 피렌체 법령에는 환전상들의 아라비아 숫자 사용을 금지하기도 하였다. 이러한 사유로, 14세기가 되어서야 알고리즈미 기수법이 널리 보급되기 시작하였다.

《산반서》는 상인과 회계사들을 위해 일상에서 필요한 계산 문제들의 예시와 어려운 문제들을 수록하고 있다. 특히, 제3부에는 피보나치를 잘 기억하게 하는 피보나치수열(Fibonacci sequence)에 관한 내용이 수록되어 있다.

> "한 사람이 벽으로 둘러싸인 장소에서 토끼 한 쌍을 키우고 있다고 한다. 각 쌍이 두 번째 달부터 매달 새끼 토끼를 한 쌍씩 낳는다고 가정하면, 1년 동안 한 쌍으로부터 시작하여 태어날 수 있는 토끼는 모두 몇 쌍이 되겠는가?"

이 문제에서 요구하는 해답의 수열은 1, 1, 2, 3, 5, 8, 13, 21, 34, 55, 89, 144, 233이다(《산반서》에서 피보나치는 처음 항은 생략하였음).

수백 년 전에, 인도 수학자들이 기록을 남겨놓았던 이 수열은 처음 두 항을 1로 하고, 세 번째 항부터는 바로 앞의 두 항의 합이 되는 수들을 반복하여 나열한 것이다. 피보나치수열은 수학, 과학 분야 및 자연에서 찾아볼 수 있다. 토끼 문제를 대수학적 식으로 나타내면 피보나치 수를 생성하는 식을 유도할 수 있다. 즉, n달 후에 a_n쌍의 토끼가 있었다면, 다음 달인 $(n+1)$달째에는 a_n쌍의 토끼에 새로 태어난 새끼 토끼의 쌍의 수가 더해질 것이다. 이때, 새로 태어난 각 쌍의 새끼 토끼는 적어도 한 달 이전에 태어난 토끼들이므로, 새로 태어난 새끼 토끼는 a_{n-1}쌍이 된다. 따라서 피보나치수열의 일반항은 $a_{n+1} = a_n + a_{n-1}$을 만족한다.

다음 그림은 피보나치수열을 이용하여 황금 직사각형을 연속적으로 작도한 것이다.

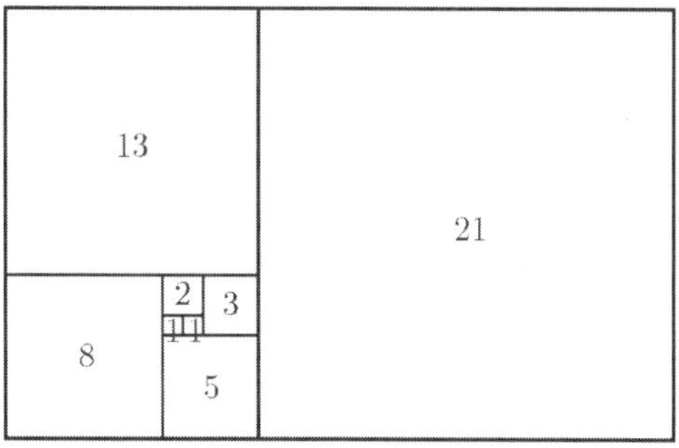

먼저, 한 변이 1(피보나치수열의 제1항과 제2항)인 정사각형 2개를 나란히 그린 다음, 두 변의 합 2(피보나치수열의 제3항)를 한 변으로 하는 정사각형을 그린다. 다시, 피보나치수열의 제2항과 제3항의 합 3을 한 변으로 하는 정사각형을 그리고, 또 제3항과 제4항의 합 5를 한 변으로 하는 정사각형을 그린다. 이러한 방법으로 계속하여 그려보면 새로 만들어지는 직사각형은 작도가 진행됨에 따라 황금비를 만족하는 황금직사각형이 된다.

피보나치수열 1, 1, 2, 3, 5, 8, 13, 21, 34, 55, 89, ⋯은 신비롭게도 가장 조화로운 기하학적 비율인 황금비를 만들어낸다. 피보나치수열에서 앞뒤 숫자의 비율

$$\frac{1}{1}, \frac{2}{1}, \frac{3}{2}, \frac{5}{3}, \frac{8}{5}, \frac{13}{8}, \frac{21}{13}, \frac{34}{21}, \frac{55}{34}, \frac{89}{55}, \cdots$$

은 놀랍게도 황금비인 1.618⋯에 수렴한다. 황금비는 고대 그리스인들로부터 사랑을 받았던 비율이며, 정오각형 등 여러 곳에서 나타난다. 황금비는 피라미드, 파르테논 신전이나 다빈치, 미켈란젤로의 작품에서 시작하여 오늘날에는 신용카드와 담뱃갑, 종이의 가로세로 비율에 이르기까지 광범위하게 사용되고 있다. 특히, 레오나르도 다빈치

는 황금비율에 심취하여, 자연의 아름다움이 가지는 1: 1.618의 비율을 심도 있게 공부하였고, 이를 모나리자 등 그의 여러 작품에 적용하였다.

피보나치는 《제곱수에 관한 책》도 저술하였다. 이 책에서 피보나치는 제곱수들을 홀수들의 합으로 어떻게 나타낼 수 있는지를 다음과 같이 설명하고 있다.

"나는 제곱수들의 원천에 대해 생각하고 규칙적으로 커지는 홀수들로 나타낼 수 있다는 것을 알아냈다. 1은 제곱수이므로 1이 첫 번째 제곱수가 된다. 이 수에 3을 더하면 두 번째 제곱수 4가 만들어지며, 이 수의 제곱근은 2다. 1과 4를 더한 값에 세 번째 홀수 5를 더하면, 세 번째 제곱수 9가 만들어지며, 이 수의 제곱근은 3이다. 따라서 규칙적으로 홀수들을 더함으로써 제곱수들은 물론 제곱수들의 합을 만들어낼 수 있다."

이로부터, 제곱수를 구성하는 식을 나타내면 다음과 같다.

$$n^2 + (2n + 1) = (n + 1)^2$$

피보나치는 피타고라스의 수를 구성하는 방법에 대해 다음과 같이 기술하고 있다. 피타고라스 수는 $a^2 + b^2 = c^2$을 만족하는 3개의 양의 정수 a, b, c를 말한다.

"두 제곱수의 합이 또 다른 제곱수가 되는 두 제곱수를 구하려 할 때는, 먼저 두 제곱수 중 한 개를 임의의 홀수의 제곱수를 선택한 다음, 1과 이 홀수의 제곱수보다 작은 홀수들을 모두 더하여 또 다른 제곱수를 구하면 된다. 예를 들어, 두 제곱수 중 하나로 9를 택하면, 다른 제곱수는 9이하의 모든 홀수, 즉 1, 3, 5, 7을 더하여 얻을 수 있다. 이때, 이 합은 16으로 제곱수이며, 이 수에 9를 더하면 제곱수인 25가 된다."

1228년 이후, 단 하나의 문서를 제외하고는, 역사적 기록에서 피보나치를 찾아볼 수 없다. 이 문서는 1240년 '진지하고 학식 있는 대가 레오나르도 비골로'에게 지급하는 급료에 관한 피사 공화국이 만든 포고문이었다. 피보나치는 상인들과 은행원들에게 회계 문제를 조언해 주고 수학을 가르치며 피사에서 남은 생애를 보내다가 1250년경 세상을 떠난 것으로 추측된다.

황금비의 적용 사례

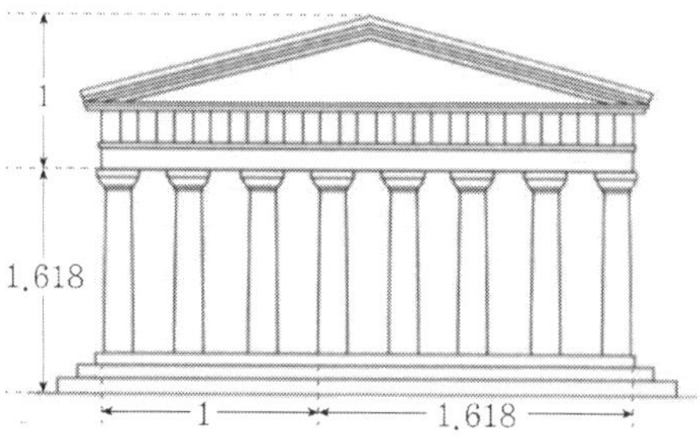

| 파르테논 신전 |

| 비너스 상 |

아홉 번째 수학자 이야기

삼차방정식의 해법을 훔친 카르다노

(Girolano Cardano, 1501년~1576년)

카르다노는 파두아대학에서 의학을 배우고 수학을 연구하여, 밀라노대학의 기하학교수와 볼로냐대학의 의학교수를 역임하였으며, 그의 저서 《위대한 비법(Ars Magna)》에 삼차방정식과 사차방정식의 일반적인 해법을 수록한 공로로 삼차방정식의 근의 공식은 '카르다노의 공식'으로 불린다. 그 밖의 저서로는 《산술》, 《물리학》, 《천문》 등이 있다.

일차방정식과 이차방정식의 해법은 비교적 간단하지만, 삼차 이상의 방정식에 대한 일반적인 해법을 구하는 일은 쉬운 일이 아니었다. 고대 바빌로니아에서는 수표를 이용해 삼차방정식의 근을 어느 정도의 근삿값으로 구하였으며, 고대 그리스에서는 기하학적 방법을 이용하여 근의 근삿값을 구한 것으로 알려져 있다. 16세기 유럽의 여러 수학자들은 이 문제를 해결하기 위해 치열하게 경쟁하였다.

카르다노는 다방면에 많은 업적을 남겼다. 그는 최초로 장티푸스를 발견하였고, 천식 치료법을 고안하였으며 알레르기성 질환의 발견은 물론, 탈장 수술법을 개발하기도 하였다. 하지만 호전적이고 거칠었던 성격 탓에 친구가 거의 없었으며, 인간관계도 좋지 못하였다. 카르다노는 한때 파비아 시장을 역임하였으며, 점성술사로서 철학을 연구하였고, 도박꾼인 반면 대수학자였으며, 실험에 특기를 가진 물리학자이면서 신용할 수 없는 거짓말쟁이로 알려져 있다. 또한, 산적의 딸을 아내로 삼는 등 이상 성격의 소유자로, 미치광이 천재로 불리기도 하였다.

또한, 그는 평생 도박을 했을 정도로 심각한 도박 중독자였는데, 의사로 벌어들인 수입과 수학경시대회의 상금을 도박으로 탕진하였다. 특히, 좋아했던 도박은 체스와 주사위 던지기였는데, 도박을 잘하기 위한 자료집으로 《확률 게임에 관한 책》을 저술하였다. 이는 최초로 확률론을 체계적으로 다룬 책이 되었다. 그리고 그는 "도박을 하지 않는 게 가장 높은 승률을 기록한다."라고 말하고, "도박을 하지 않는 것이 이기는 것"이라고 하였다.

| 타르탈리아 |

카르다노에게서 빼 놓을 수 없는 수학자가 있는데, 그는 타르탈리아(Tartaglia, 1500~1557)이다. 타르탈리아의 본명은 니콜라 폰타나였는데, 어린 시절에 프랑스 병사의 칼로 혀에 부상을 입어 말을 더듬게 되었다고 한다. 그래서 '말을 더듬는 사람'이라는 뜻의 '타르탈리아'로 불리게 되었

다고 전해진다. 타르탈리아는 오직 독학으로 수학을 공부하여 밀라노 거리에 '수학 컨설턴트' 점포를 열어, 수학과 관련된 잡다한 문제를 해결해 주면서 생계를 유지하였고, 후에 베니스의 수학교수가 되었다. 그의 저서 《신과학》, 《가지가지 문제와 발견》, 《수와 계측에 대한 일반론》 등은 이러한 잡다한 문제와 그 해법을 엮어 만든 것이었다.

한편, 다음과 같은 형태의 이차항이 없는 삼차방정식의 대수적 해법은 16세기 무렵, 볼로냐대학의 델 페로 교수가 발견하였다.

$$x^3 + a_1 x = a_0 \ (a_1,\ a_0\text{는 음수})$$

그러나 델 페로는 이 해법을 공개하지 않고 일부 제자에게만 알려준 뒤 1526년에 사망하게 되는데, 그의 제자인 피올은 이 해법을 이용하여 상금을 걸고 삼차방정식 풀이에 대한 시합을 즐겼다고 한다. 그즈음, 삼차방정식에도 해법이 있다는 소문을 들은 타르탈리아는 다음과 같이 일차항이 없는 형태의 삼차방정식 풀이에 성공한 뒤, 델 페로의 이차항이 없는 삼차방정식의 해법에 대해서도 알아내었다.

$$x^3 + a_2 x^2 = a_0 \ (a_2,\ a_0\text{는 정수})$$

타르타리아가 삼차방정식을 풀었다는 소문을 들은 피올은 삼차방정식 풀이에 대한 공개 시합을 타르탈리아에게 제안하게 된다. 1535년 2월 22일, 밀라노에서 개최된 타르탈리아와 피올의 삼차방정식 문제풀이 시합에서 타르탈리아는 완승을 거두게 된다. 시합 방식은 각각 30문제를 출제하여 50일 이내에 더 많은 문제를 푸는 쪽이 이기는 것으로 정하였다. 여기서, 타르탈리아는 상대방이 출제한 문제를 2시간 이내에 모두 풀었지만, 피올은 타르탈리아가 출제한 문제를 하나도 풀지 못하였다. 시합에서 완승한 타르탈리아는 삼차방정식의 해법을 즉시 공개하지 않았다. 아마도 그는 대수학에 관한 명저를 저술하면서 그 책에 삼차방정식의 해법을 주요 내용으로 수록하여, 그의 명예를 영원히 간직하고자 했을지도 모른다.

카르다노 역시 삼차방정식의 해법을 연구하였지만, 그 결과가 신통하지 못했다. 카르다노는 교양과 재능을 갖추었고, 과학에 대한 열정도 대단하여 수학, 철학에서부터 의학, 점성술에 이르기까지 다양한 분야에 조예가 깊었다. 그러나 그는 본래 허풍쟁이로 심성이 바르지 못하여 타르탈리아가 삼차방정식의 해법을 구하는 데에 성공하였다는 소식을 듣고, 그를 찾아가 절대로 공표하지 않겠다는 맹세를 하고 그 해법을 알아내었다.

카르다노는 그의 제자인 페라리(Ferrari, 1522~1566)가 발견한 사차방정식의 대수적 해법과 함께 삼차방정식의 해법을 책으로 출판하고자 하였으나, 삼차방정식에 대한 해법을 비밀로 하겠다는 타르탈리아와의 약속 때문에 출판할 수가 없었다. 그러던 중에 델 페로 교수의 유고를 통해 타르탈리아가 삼차방정식의 해법을 발견한 최초의 수학자가 아님을 알게 된 카르다노는 타르탈리아와의 약속을 무효화하고, 1545년에 그의 저서 《위대한 기법》을 통해 여러 형태의 삼차방정식의 해법을 공표하였다. 이로 인해, 삼차방정식의 해법은 '카르다노의 방법'으로도 불리게 되었다. 이 일은 타르탈리아를 격노하게 하여 논쟁으로 발전하였으나, 카르다노는 책에서 델 페로와 타르탈리아의 공적을 칭찬하고 있어서, 삼차방정식의 해법이 카르다노 자신의 독자적인 방법이라고 속인 것은 아니었다고 보는 견해도 있다.

책이 출판되어 나오자 타르탈리아는 화가 나서 펄펄 뛰었으며, 그 이듬해에 책을 출간하면서 카르다노의 배신을 폭로하고 그들 간에 주고받은 편지와 대화들을 빠짐없이 수록하였다. 그러자 카르다노의 제자인 페라리는 타르탈리아에게 "당신은 카르다노 선생님을 헐뜯고 거짓말로 비방하였다. 카르다노 선생님에 비하면 당신은 그 발꿈치에도 미치지 못한다."라고 하면서, 상금을 걸고 어떤 과학 분야라도 좋으니 자기와 대결하자는 공식 도전장을 보냈다고 한다. 이로 인해, 타르탈리아와 카르다노는 격렬한 불화에 빠졌으며, 명예를 빼앗긴 타르탈리아는 분함을 이기기 못하고 57세의 나이로 사망하였다.

한편, 카르다노를 변호하는 의견도 있다. 카르다노가 검토한 결과, 타르탈리아의 해법에는 불완전한 점이 있어서, 자신이 타르탈리아의 해법을 보완하여 완전한 형태의 해법으로 완성하였다는 것이다. 그 와중에 타르탈리아 이전에 델 페로가 불완전하지만 방정식 해법을 이미 발견했다는 것을 알게 되었으며, 이 해법 역시 카르다노가 완전한 해법으로 다시 해결하였다는 것이다. 이로 인해, 다소 미심쩍은 부분이 있었지만 당대에 카르다노의 업적으로 인정받을 수 있었다.

그러나 사기에 가까운 방법으로 삼차방정식 해법의 주인이 된 카르다노의 말년은 불행하였다. 그의 아들은 자기 아내를 독살하여 사형을 당했으며, 본인은 이단으로 몰려 6개월간 투옥되는 것으로도 모자라 책의 출판이 금지되기도 하였다. 그리고 카르다노는 자신의 사망일을 75세 생일 4일 전인 1576년 9월 20일로 예언하였으나, 죽지 않자 자기가 한 예언을 사실로 만들기 위해 자살하였다. 한편, 사차방정식의 해법을 발견한 페라리는 술을 마시고 싸움질하며 도박을 빠지는 등 방탕하게 살다가 결국 여동생에게 독살당했다고 한다.

카르다노의 맹세

타르탈리아는 카르다노로부터 다음과 같은 엄숙한 서약을 받고, 암호로 쓴 약화된 삼차방정식의 해법을 알려주었다.

"성경과 신사로서의 신의를 걸고 당신이 허락하지 않는 한, 나는 절대 당신이 발견한 이 해법을 발표하지 않을 것을 맹세합니다. 또한, 독실한 기독교인으로서 내가 죽은 후에도 아무도 이를 이해하지 못하도록 암호로 보관할 것을 맹세하고 서약합니다."

열 번째 수학자 이야기

지동설을 주장한 갈릴레이

(Galileo Galilei, 1564년~1642년)

갈릴레이는 1564년 이탈리아의 항구도시 피사에서 태어났으며, 천문학자, 물리학자이면서 수학자였다. '갈릴레오 갈릴레이'와 같이 성과 이름이 비슷한 이유는 장남에게는 성을 겹쳐 쓰는 토스카나 지방의 풍습 때문이었다. 그는 음악가였던 아버지의 희망에 따라, 1581년에 피사대학에 입학하여 처음에는 의학을 공부하였으나 흥미를 느끼지 못하였다.

일화에 따르면, 갈릴레이는 기하학을 가르치던 강의실을 지나다 호기심을 갖게 된 후 수학에 심취하게 되었으며, 아버지를 설득하여 자연철학과 수학을 공부하게 되었다고 한다. 1584년에 피사대학을 중퇴하고, 가족이 있는 피렌체로 돌아와 아버지의 친구이자 토스카나 궁정수학자인 리치에게서 수학과 과학을 배웠다. 이때, 작성한 논문으로 능력을 인정받아, 피사대학의 교수가 되었다. 1591년 피사대학의 교수직을 사임하고, 이듬해에 베네치아에 있는 파도바대학의 수학교수로 임명되어 유클리드기하학과 천동설을 주장한 프톨레마이오스의 천문학을 가르치는 한편, 가정교사를 하면서 리치에게 배운 응용수학을 연구하고 가르쳤다. 또한, 여러 가지 과학 실험으로 그의 명성은 점점 높아져갔다.

탐구심과 통찰력이 뛰어났던 갈릴레이는 1583년 진자에 관한 원리를 발견하였다. 전해 내려오는 이야기에 따르면, 피사의 사탑 예배당에서 미사를 드리던 갈릴레이는 우연히 천장에 매달린 큰 청동 램프가 바람에 흔들리는 것을 보고, 램프가 제자리로 돌아오는 데에 걸리는 시간(주기)이 램프가 움직인 진폭에 관계없이 항상 일정하다는 생각이 들었다. 그래서 그는 자신의 맥박을 이용하여 시간을 측정해본 결과, 자신의 생각이 옳았다는 것을 확인하였다. 그 후에 실험을 통해서, 흔들리는 진자의 주기는 진자의 추의 무게와는 무관하며, 단지 진자의 길이에만 관계가 있다는 사실을 밝혔다.

피사대학의 수학교수로 있던 갈릴레이는 당시 진리로 받아들여지던, 보다 무거운 물체가 더 빨리 떨어진다는 아리스토텔레스의 이론이 잘못되었음을 실험으로 증명해 보이고자 하였다. 물론, 이전에도 아리스토텔레스의 이론이 실제 상황에 어긋난다는 일부 학자들의 의견이 있었다. 갈릴레이는 피사의 사탑 꼭대기에서 크기는 같지만 무게가 10배나 차이가 나는 2개의 구슬을 떨어뜨려, 무거운 구슬이 먼저 떨어지는 것이 아니라 2개가 거의 동시에 땅에 닿는다는 실험 결과를 내놓았다. 그리고 그는 계산을 통해 미세한 시간 차이가 생기는 것은 공기저항 때문임을 알아냈으며, 물체의 낙하거리는 낙하시간의 제곱에 비례한다는 법칙도 발표하였다. 이와 같이, 눈으로 확인된 갈릴레이의 실험에도 불구하고, 대학에서 아리스토텔레스를 가르치는 다른 교수들의 믿음을 깨지는 못하였다. 오히려 대학의 권위자들은 아리스토텔레스를 부정하는 갈릴레이를 오만하게 생각하여 그곳에서의 생활을 불편하게 만들었고, 결국 1591년 피사대학의 교수직을 사임하게 된다.

1609년, 갈릴레이는 네덜란드에서 발명된 망원경을 개량하여 그 배율을 높여, 천체 관측에 처음으로 사용하였다. 이 관측으로 달의 표면에 산과 계곡이 있다는 것, 금성이 달처럼 차고 이지러진다는 것, 태양에는 흑점이 있어 태양 표면에서 운동하고 있다는 것, 희미한 은하수가 실제는 많은 별들의 집단이라는 것, 목성 주위에 4개의 위성이 돌고 있다는 것 등을 발견하였다. 한편, 갈릴레이는 자신이 발견한 사실을 친구인 독일 천문학자 케플러(Kepler, 1571~1630)에게 알렸으며, 그 결과를 토대로 1610년 《별세계의 보고》을 출판하여 국제적인 명성을 얻었다. 그는 여러 발견을 통해 코페르니쿠스의 이론인 태양중심설을 믿게 되지만, 1616년 교회에서는 갈릴레이의 이런 생각을 이단으로 간주하고 경고하였다.

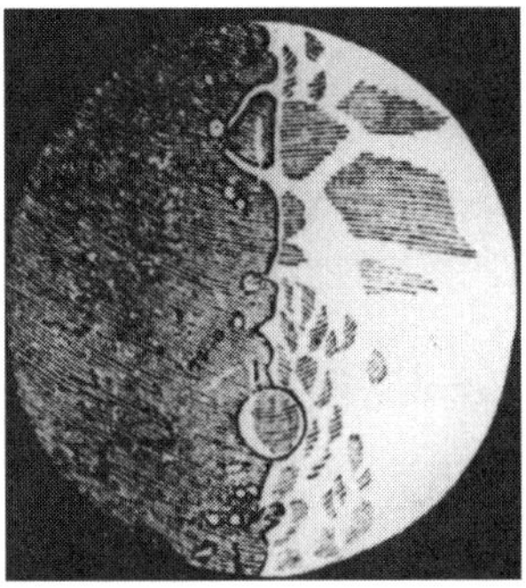

| 갈릴레이가 그린 달 |

1610년, 갈릴레이는 피렌체 공국 코시모 2세의 초청을 받아 궁정 소속의 수학자가 되었다. 그 후 그에게 호의를 베풀던 오르바누스 8세가 교황에 즉위하자, 갈릴레이는 다시 새 학설을 담은 책을 저술하

기로 결심하고, 직접 로마로 가서 교황청 도서 검열계로부터 코페르니쿠스의 지동설을 가설로서 서술한다면 책을 출판해도 좋다는 허가를 받아낸다. 드디어 그는 수년 동안 연구한 결과를 1632년 《천문대화》라는 이름으로 책을 출간하였다. 그는 이 책에서 표면상 천동설을 지지하면서도 실질적으로는 지동설을 주장했으므로 종교재판에 회부되어 천동설이 옳다는 자백을 하였지만, "그래도 지구는 돈다."라는 유명한 명언을 남긴다. 재판을 받았을 때, 그는 이미 70세의 고령이었으며, 종신 금고형을 선고받은 갈릴레이는 엄중한 감시를 받으며 피렌체 교외의 자택에서 고독한 여생을 보내게 된다.

근신 중에도 갈릴레이는 《신과학대화》라는 책을 저술하여, 가톨릭 국가가 아닌 네덜란드에서 1638년 출간하였다. 1642년 그가 사망하기 직전까지, 진행했던 마지막 프로젝트 중 하나는 진자시계 발명이었다. 그러나 그 해 갈릴레이는 장기간의 무리한 망원경 관측이 원인이 되어 실명하였으며, 진공에 관한 연구로 유명한 제자 토리첼리(Torricelli, 1608~1647)가 지켜보는 가운데 세상을 떠났다. 갈릴레이가 사망하자 교황청에서는 공식적으로 장례를 지내는 것도, 묘비를 세우는 것도 금지하였다. 그 후, 1992년 10월 31일이 되어서야 로마 교황청은 1633년 6월 22일의 종교재판에 대한 과오를 인정하고 공식적으로 갈릴레이의 완전 복권을 선언하였다.

천문학에 관한 갈릴레이의 발견은 대단한 것이지만, 그의 가장 위대한 연구는 운동과 관련된 물리학과 수학에 관한 것이었다. 그 당시 널리 받아들여지고 있던 아리스토텔레스의 학설은 움직이는 물체는 자체의 힘으로 움직이다가 힘을 잃으면 멈춘다는 것이었다. 갈릴레이는 운동하고 있는 물체에 수평운동과 수직운동이 동시에 일어난다는 것을 증명하였다. 또한, 중력의 영향을 받는 수직운동의 경우, 이 중력으로 인해 물체가 등가속도운동을 하며, 낙하하는 물체의 낙하 거리가 낙하 시간의 제곱에 비례한다는 것을 증명하였다.

갈릴레이가 자신의 지적 세계에서 가장 중요하게 여긴 것은 수학이었다. 1623년 출판한 《분석자》에서 갈릴레이는 수학의 중요성에 대해 다음과 같이 말하고 있다.

"철학은 우리가 항상 주시하고 있는 드넓은 우주라고 책에 쓰여 있다. 그 책을 이해하기 위해서는 먼저 그 책에 쓰인 문자를 이해해야 한다. 수학이란 언어가 삼각형과 원, 다른 기하학적 도형들의 문자를 이루고 있으며, 이것들을 모르면 인간은 단 한 마디도 이해하지 못하고 캄캄한 미로를 헤매게 될 뿐이다."

진실과 역사의 오차

스테빈(Stevin, 1548~1620)은 갈릴레이보다 18년 앞선 1586년 자기 집 2층에서 2개의 덩어리를 떨어뜨려 낙하운동에 대한 실험을 완성하고, 낙하물체에 대한 실험보고서를 발표하였으나 거의 주목을 받지 못하였다. 이와 같이, 알려진 연구업적 중에는 사실과 약간 다른 것들이 종종 있다. 그렇다고 해서 여기서 소개한 수학과 과학에 관련된 갈릴레이의 업적이 잘못됐다는 것은 아니다.

제2부

근대 수학자

모든 자연 현상은
그저 적은 수의
불변하는 법칙에서 나온
수학적인 결과일 뿐이다.

– 라플라스

열한 번째 수학자 이야기

근대 수학의 선구자 데카르트

(René Descartes, 1596년~1650년)

데카르트는 프랑스 투렌의 소도시 라에에서 부유한 귀족 집안의 아들로 태어났으나, 그가 태어난 지 1년 만에 어머니가 세상을 떠났다. 10세 무렵 콜레쥬 로얄 앙리르그랑에 입학하여 8년간 고전어, 수사학, 철학, 역사, 물리 등을 공부하였다. 졸업 후에는 법률가가 되기를 바라는 아버지의 뜻에 따라 프와티에대학에 입학했지만, 후일 다음과 같이 회고한 '세상이라는 큰 책'을 배우기 위해 1616년에 대학을 그만두었다.

> "나는 글로 하는 공부를 완전히 그만두었다. 내 자신 안에서 찾을 수 있는 지식이나, 세상이라는 큰 책에서 찾을 수 있는 지식 외에는 추구하지 않기로 했다. 나는 나의 청춘을 여러 곳을 여행하고, 궁정을 방문하고, 군대에 참가하며, 각양각색의 사람들과 어울리며 다양한 경험을 쌓으며 보냈다. 운명이 나에게 허락하는 모든 상황에서 나 자신을 시험했다."

1618년, 데카르트는 군에 입대하였으나 휴전상태에 있었으므로, 시간적 여유가 많아 수학 연구를 계속할 수 있었으며, 병영의 막사에서 철학적 사색에 잠기곤 하였다. 데카르트가 해석기하학을 만들게 된 동기를 설명하는 일화들이 있는데, 그중 하나는 꿈에 관한 것이다. 1619년 11월 10일과 11일 사이 한밤중에, 데카르트는 병영에서 3번에 걸쳐 다음과 같은 생생한 꿈을 꾸었는데, 이 꿈이 그의 인생을 바꾸어 놓았다고 한다.

> 첫 번째 꿈은 학교 근처를 지나다가 강한 회오리바람에 휩쓸리는 꿈이었고, 두 번째는 엄청나게 큰 소리와 함께 천둥이 치는 것을 보는 꿈이었고, 세 번째는 탁자에 놓인 커다란 사전과 고대 라틴어 시집 가운데서 시집을 펼쳐 "인생에서 나는 어떤 길을 따라가야 하는가?"라는 시구를 읽는 꿈이었다.

데카르트는 이 3가지 꿈을 통해 학문과 지혜를 추구하는 것이야말로 자기 삶의 목표라고 결론짓고, 1621년 군대를 떠나 이듬해에 프랑스로 돌아갔다. 그때까지가 '세상이라는 큰 책'에서 배우던 시절이었다. 1623년, 고향의 재산을 모두 처분하여 연금 형태로 받을 수 있도록 조치하여 생계문제를 해결했다. 그 후, 1628년 당시 종교적, 사상적 자유가 다른 곳에 비해 상대적으로 폭넓게 보장되던 네덜란드로 간 데카르트는 그곳에서 1649년까지 생활하게 된다.

데카르트가 자신이 꾼 꿈을 토대로 저술한 책이 네덜란드에 20여년간 머물면서 완성한 《방법서설》이다. 그 당시는 거의 모든 철학 책이 라틴어로 쓰였는데, 1637년에 출판한 《병법서설》은 근대유럽에서 철학을 프랑스어로 출판한 최초의 서적이라는 면에서 더 높은 평가를 받고 있다. 또한, 그는 1641년에 《성찰》의 초판을, 1644년에는 《철학의 원리》를 출간하였다. 우리에게도 널리 알려진 "나는 생각한다. 고로 존재한다."는 《방법서설》과 《철학의 원리》에 나오는 말이다.

해석기하학 발견에 대한 또 다른 이야기로, 침대에서 휴식을 취하다가 파리를 보고 해석기하학을 발견했다는 일화가 있다.

> 파리 한 마리가 머리 위로 윙윙거리며 날아다니는 것을 보고, 데카르트는 갑자기 '파리의 위치를 어떻게 나타낼 수 있을까?'를 생각했다. 그는 인접한 두 벽에서 파리까지의 거리를 연결시키는 관계만 알면, 천장의 파리의 위치를 정확히 나타낼 수 있을 것이라고 생각했다. 데카르트는 파리의 위치를 좌표로 나타냄으로써 파리가 움직이는 길을 대수적으로 표현할 수 있었다.

1642년경부터 데카르트는 크게 주목받기 시작하였는데, 그가 보여준 철학적 성찰은 전통적인 형이상학과 신학의 기반을 뒤흔들 만한 혁신적인 것으로 평가를 받아, 네덜란드의 신학자와 철학자들로부터 공공연하게 비난받게 된다. 그럴 즈음, 스웨덴의 크리스티나 여왕이 데카르트를 교사로 초빙하여, 1649년 가을 스톡홀름으로 갔다가 이듬해인 1650년 2월, 그곳에서 사망하였다. 데카르트는 '근대철학의 아버지'로 불리며, 그의 고향 라에는 1996년 데카르트 탄생 400주년을 기념하여 도시 이름을 데카르트로 바꿨다.

데카르트의 죽음에 대한 다른 이야기도 있다. 그는 새벽에 잠들어 정오 가까이까지 일어나지 않는 생활에 익숙해져 있었다. 크리스티나 여왕은 매일 이른 아침에 크고 추운 방에서 데카르트를 만나고자 하였는데, 그는 여왕에게 불평 한마디 못하고 그녀의 뜻에 따랐다. 이것이 데카르트의 면역 체계를 극도로 약화시켰다는 것이다. 그는 생활의 변화로 말미암아 폐렴을 동반한 열병에 걸렸고, 이로 인해 일주일

동안 누워서 헛소리를 하며 지내다가 다음과 같은 말을 마지막으로 남긴 채, 53세의 나이로 사망하였다.

> 당신이 오랫동안 사로잡은 나의 영혼,
> 그들이 이 몸의 구속으로부터 떠나기 위해
> 그들의 감옥으로 부터 자유로워질 시간,
> 그리고 고통, 기쁨과 용기가 있는 분리

한편, 데카르트가 독살당했다는 설도 있다. 개신교 국가인 스웨덴이 가톨릭 국가로 바뀌기를 바랐던 프랑스 신부가 영성체 빵에 독극물을 발라 데카르트에게 주었다는 것이다. 이는 데카르트의 '불온한' 사상이 스웨덴 여왕에게 영향을 미치게 될 것을 우려했기 때문이라고 한다. 어쨌든, 교황청은 1663년 데카르트의 저서를 금서 목록에 올렸다.

데카르트의 유해는 스웨덴의 스톡홀름의 묘지에 묻혔다가, 1666년 프랑스로 옮겨져 파리 생제르맹데프레 성당에 묻혔다. 1792년 유해를 이장하기 위해 묘지를 발굴하였는데, 시신에는 두개골이 없었다고 한다. 실제, 그의 두개골은 시신을 수습한 스웨덴 근위대장이 따로 보관해오다가 19세기 말 경매에 붙여져 처음으로 세상에 알려지기도 했다.

데카르트는 "나는 생각한다. 고로 존재한다."에서 보듯이 기독교에 바탕을 둔 스콜라 철학에서 비롯된 모든 것을 배제하고, 철저히 자신의 내부로 들어가 모든 지식에 대해 의심하는 것에서부터 자신의 사고를 시작했다. 이와 같이, 데카르트가 모든 지식에 대해 의문을 가지게 된 것은 그가 천재적인 수학자라는 사실과 무관하지 않다. 수학은 다른 어떤 학문보다 분명한 논리를 가지는 학문이기 때문이다. 데카르트는 수학과 철학에 대한 연구를 계속하였으며, 그는 《방법서설》의 도입부에서 제시한, 데카르트식 방법의 근본 원리인 다음 4개의 규칙을 연구수행의 기반으로 삼았다.

(1) 내가 명확히 알고 있지 않는 것은 결코 사실로 받아들이지 않는다.
(2) 관찰하고 있는 어려움을 가능한 한 많은 부분으로 나눈다.
(3) 제일 간단하고 쉬운 것부터 시작하여 점차 복잡한 것을 연구한다.
(4) "빠뜨린 것이 아무 것도 없다."라고 확신이 들도록 완전하게 열거하고, 매우 일반적으로 검토한다.

이런 까닭에, 그는 수학 분야에서 놀라운 성과를 거두었다. 1618년 음악을 수학적으로 연구한 《음악제요》를 발표하였으며, 식에서 미지수를 나타낼 때, 주로 x를 기호로 사용하는데, 이를 처음 사용한 사람이 데카르트이다. x를 미지수로 사용한 이유는 x를 많이 사용하는 프랑스어의 특징 때문이다. 실제로, 프랑스의 인쇄소에는 여분의 x활자를 많이 가지고 있어서 편리하게 이용할 수 있었다고 한다.

《방법서설》로 인해 데카르트는 기하학에 대수적 해법을 적용한 해석기하학의 창시자로서 근대수학 발전에 크게 공헌하게 된다. 데카르트 좌표계(Cartesian coordinate, 또는 직교좌표계)는 그의 이름을 따서 붙인 명칭이다. 수학에 관한 내용이므로 데카르트가 도입한 새로운 개념은 정확하고 엄밀한 학문적 논의로 이루어졌을 것으로 생각하기 쉬우나, 실상은 그렇지 않았다. 당연히 수학적 논리로 일관되어야 할 것임에도, 그리스의 비극과 현대 추리소설의 합작품처럼 바뀌게 되었다. 이 책에는 도입에 대한 비교적 간단한 설명에 이어, 3편으로 구성되어 있는데, 이들 중에서 2편은 데카르트와 페르마 사이에 있었던 논쟁의 핵심주제가 된다. 첫째 편은 굴절광학에 관한 것으로 빛의 본성과 성질을 다루고 있다. 둘째 편은 대기현상에 관한 것으로, 비가 생성되는 원리를 자신이 알아낸 굴절의 법칙에 바탕을 두고 설명하고 있다. 그리고 셋째 편은 기하학에 관한 것으로, 수록된 내용은 데카르트의 수학적 업적 가운데 가장 중요한 유산으로 평가받는다.

데카르트는 인도 및 아라비아 식의 대수학을 이론적으로 다듬고, 계산 기호만을 결합한 형식적인 대수학을 만들어 그 응용을 기하학에 적용하고자 하였다. 그러기 위해서는 수를 직선의 길이로 나타내고, 직선으로 나타낸 '양' 사이에 어떤 계산을 하더라도 그 결과는 항상 직선의 길이로 나타낼 수 있다고 규정하였다. 그 당시 이는 혁명적인 것이었는데, 그 이유는

$$\text{직선} \times \text{직선} = \text{넓이}$$

라는 기하학의 상식을 깨고

$$\text{직선} \times \text{직선} = \text{직선}$$

으로 규정하였기 때문이다.

해석기하학의 출발점은 변량을 수치화하는 것, 즉 변수를 정하는 것이다. 지금은 중학생만 되어도 누구나 알고 있는 상식이지만, 당시로서는 매우 대담한 발상이었다. 데카르트 좌표계에서 평면상의 모든 점은 x축과 y축에 관련된 두 개의 숫자를 병기하여 순서쌍 $(x,\ y)$로 나타낼 수 있다. 예로, $y=x+1$인 경우, 변수 x의 값에 따라 변화하는 y값을 평면상에 나타내면 한 직선이 그려진다. 이때, x는 독립변수(independent variable), y는 종속변수(dependent variable)라고 한

다. 이러한 방법으로, 직선, 원, 타원, 쌍곡선과 포물선 등의 기하학적 도형을, 다음과 같이 간단히 대수식으로 나타낼 수 있게 되었다.

(1) 직선 : $ax+by+c=0$ ($a \neq 0$ 또는 $b \neq 0$)

(2) 원 : $x^2+y^2+2gx+2fy+c=0$

(3) 타원 : $ax^2+by^2+2gx+2fy+c=0$ ($ab>0$)

(4) 쌍곡선 : $ax^2+by^2+2gx+2fy+c=0$ ($ab<0$)

(5) 포물선 : $ax^2+by^2+2gx+2fy+c=0$
($a=0$ 또는 $b=0$이고, $a^2+b^2 \neq 0$)

데카르트의 자연관

데카르트는 동시대의 영국 철학자 베이컨(Bacon, 1561~1626)과 마찬가지로 지식 연구의 목적은 인간이 자연을 지배하고 기술을 개발하며, 원인·결과의 연관을 취하여 인간 본질을 개선하는 데에 있다고 보았다. 따라서 그는 엄밀한 논증적인 지식인 수학에 근거하여 학문 전체를 '보편학'으로 정립하고자 하였으며, 모든 명제를 자명한 공리에서 연역해 내는 기하학적인 방법을 철학에 도입하였다.

마지막 정리로 유명한 페르마

(Pierre de Fermat, 1601년~1665년)

페르마는 1601년 프랑스 툴루즈 근처 보몽드로마뉴에서 부유한 피혁상인의 아들로 태어났다. 그는 법학을 공부하여 변호사가 되었고, 1648년부터는 툴루즈 지방 의회 의원이 되어 생애를 마칠 때까지 그 직에 종사하였다고 한다. 페르마는 아마추어 수학자였음에도 수론, 해석기하학, 미적분학 및 확률론 등의 분야에서 획기적인 업적을 남겨, 데카르트와 함께 17세기 최고의 수학자로 손꼽힌다. 어린 시절, 페르마 역시 다른 천재들과 마찬가지로 직관력이 뛰어났다고 한다.

한번은 "100,895,598,169는 소수인가?"라는 질문을 받자, 즉석에서 "두 개의 소수 898,423과 112,303의 곱이므로 소수가 아니다."라고 대답했다. 또한, 해석기하학의 기본원리를 발견하였으며 곡선의 접선과 극대 및 극소점을 구하는 방법을 만들어 미적분학의 창시자로 여겨진다. 또한, 광선은 가장 짧은 시간에 도달할 수 있는 경로로 진행한다는 페르마의 원리를 주장하였다.

페르마는 자신의 연구 결과를 어떤 책으로도 출간하지 않았고, 연구 업적의 대부분은 메르센(Mersenne, 1588년~1647년)과의 서신을 통해 알려졌다. 프랑스 수사였던 메르센은 특히 정수론 분야에서 수학자들 간의 의견과 연구 내용 등을 중개함으로써, 17세기 프랑스 수학의 혼란기에 매우 중요한 역할을 하였다. 페르마는 정리들을 내놓고 다른 사람들이 그것을 증명해 보도록 유도하였다. 이로 인해, 그가 주장했던 정리들을 실제로 자신이 증명하였는지에 대한 의문을 갖는 사람들도 있었다. 연구에 대한 페르마의 이러한 접근법은 후대의 수학자에게 많은 과제를 남기게 되었고, 수학 발전에 큰 영향을 끼쳤다. 예로, 미적분에 관한 업적에서, '연속곡선에 접선을 긋는 방법으로 제기된 문제를 극값의 문제로 유도하여 미분의 개념에 도달시킨 점'을 들 수 있는데, 미적분학의 창시자인 뉴턴이나 라이프니츠가 태어나기 10여 년 전에 이런 성과가 얻어진 점은 매우 주목할 만하다.

페르마는 데카르트와의 논쟁에 불을 붙인 장본인이었다. 다툼의 시작에서 화해에 이르기까지 약 20년 동안 데카르트는 수학계와 상당한 거리를 두고 있었지만, 페르마는 열성적으로 수학 연구에 관여하였다. 그로 인해, 페르마의 수학적 능력에 대한 데카르트의 비난은 터무니없는 것으로 치부되기도 하였다. 한편, 테카르트의 《기하학》이 명확하고 간결한 형태로 새롭게 출간되자, 새로운 추종자들이 모여 들었으며, 이후 그는 수학계에 큰 영향을 끼치게 된다. 페르마와 테카르트 두 사람은 17세기 수학 발전에 많은 공헌을 하였지만, 그토록 심한 반목과 불화가 뒤따랐다는 것은 안타까운 일이 아닐 수 없다.

페르마는 '페르마의 마지막 정리'로 유명하지만, 이는 그의 많은 정리들 중 하나에 불과하다. 대부분의 정리들은 정수론 분야에 속하는 것으로, 페르마가 단독으로 연구한 정리만으로도 근대 정수론의 장을 열었다고 할 수 있을 정도이다. 수학을 'A는 B이다'라는 식으로 배우기 때문에 수학이란 이미 완성된 것이라고 생각할지도 모른다. 그러나 수학은 계속 만들어지고 있다. 즉, 수학에 대한 미해결 문제를 해결하고 새로운 관계와 성질을 발견함으로써 새로운 이론이 창조되어 나간다.

이제, '페르마의 마지막 정리'에 대해 자세히 알아보자.

페르마는 대수학의 아버지라고 불리는 디오판토스가 저술한 《산학》을 읽다가, 책의 여백에 여러 기록을 남겼다고 한다. 그중 '한 제곱수를 다른 두 개의 제곱수로 나누기' 장에 '페르마의 마지막 정리'라고 하는 다음을 적어 놓았다.

> "n이 2보다 큰 자연수일 때, $x^n+y^n=z^n$을 만족하는 자연수 x, y, z는 없다. 나는 이것을 경이로운 방법으로 증명하였지만, 여백이 너무 좁아 여기에 옮기지는 않겠다."

이에 대해, 페르마는 $n=4$일 때에 대한 증명만을 적어 놓았는데, 100년이 지난 후, 오일러가 $n=3$인 경우에 대하여 증명하였다. 1840년대, 쿰머는 지수 n이 37, 59, 67인 경우를 제외한 100 이하의 소수일 때에 관해 증명하였다. 그 후에도 쿰머의 이론으로 컴퓨터를 이용하여 페르마의 정리를 상당히 큰 자연수 n에 대해서도 확인할 수 있게 되었다.

그러다가 1993년 6월 23일, 영국에서 개최된 수론 학회에서 미국

프린스턴대학의 와일즈(Wiles, 1953~) 교수가 타원곡선의 이론을 이용하여 페르마의 마지막 정리에 대한 증명을 발표하였다. 발표에 참석한 전문가들은 와일즈의 뛰어난 증명법에 경의와 찬사를 보냈으나, 6명의 전문가들로 구성된 심사위원회는 200쪽이 넘는 와일즈의 논문을 꼼꼼히 검토한 결과, 증명의 끝 부분에 약간의 논리적 비약이 있음을 발견하였다. 1993년 12월, 와일즈는 이 증명에 문제가 있음을 인정하고 도움을 구하는 내용을 인터넷에 올려 1994년 10월, 자신의 제자인 캠브리지대학의 테일러 교수와의 공동연구로 비약된 부분을 증명함으로써 330년만에 페르마의 마지막 정리의 증명을 완성하게 되었다. 이듬해, 〈수학연보〉에 발표되어, 페르마의 마지막 정리는 공식적으로 증명되었다.

특별한 형식도 없이 페르마가 적어 놓은 이 명제를 증명하기 위해 300년이 넘도록 많은 학자들이 열정적으로 도전해왔다. 19세기와 20세기에 정수론 분야에서는 이 신화적인 페르마의 마지막 정리를 증명하기 위해 노력하였고 이를 위해 상금이 내걸리기도 했다. 1908년, 독일의 수학자 볼프스 켈이 다음과 같은 유언을 남겼던 것이다.

> "앞으로 100년 안에, 즉 2007년 안으로 페르마의 마지막 정리를 푸는 자에게는 상금 10만 마르크를 주겠다."

다행스럽게도 상금을 내건 기간 이내에 와일즈 교수가 페르마의 마지막 정리를 해결하였으므로, 독일의 괴팅겐 과학원에서 잠자고 있던 상금 10만 마르크(한화로는 약 20억원)는 주인을 찾아가게 되었다. 그럼에도 와일즈 교수의 증명법은 페르마가 알지 못하는 수학 분야를 바탕으로 하고 있어서, 페르마의 증명법이라고 할 수는 없을 것이다. 이에 따라, 페르마가 실제로 증명했는지에 대한 의문을 갖는 사람들은 여전히 많으며, 페르마의 마지막 정리에 대한 탐구도 계속되고 있다.

페르마의 마지막 정리와 유사한 정수론에 관한 문제들은 매우 흥미롭다. 페르마의 마지막 정리를 연구하던 오일러는 변수를 확장하여

"$x^4+y^4+z^4=w^4$을 만족하는 자연수 x, y, z, w는 존재하지 않는다."

고 주장하였다. 그러나 200년이 지난 후, 컴퓨터의 발달로 다음과 같은 반례가 주어졌다.

$$2682440^4+15365639^4+18796760^4=20615673^4$$

또한, $x^5+y^5+z^5+w^5=u^5$을 만족하는 자연수도 1967년에 발견되었다. 즉

$$27^5+84^5+110^5+133^5=144^5$$

이 성립함도 밝혀졌다.

페르마의 마지막 정리라고 일컫는 '페르마의 큰 정리'에 대비하여, 다음의 '페르마의 작은 정리'가 있다. 그러나 이 정리는 큰 소수에 관한 것으로, 오늘날 신용카드의 보안 체계 등에도 이용되고 있다.

"p가 소수이고 a와 p가 서로 소이면, $a^{p-1}\equiv 1 \pmod{p}$이다."

여기서, $a^{p-1}\equiv 1 \pmod{p}$은 a^{p-1}을 p로 나누었을 때, 나머지가 1임을 나타낸다. 예로, 소수 7에 대하여, 7과 서로 소인 10을 생각하면

$$10^{7-1}=10^6=1000000=7\times 142857+1$$

이므로, $10^6 \equiv 1 \pmod 7$임을 확인할 수 있다.

이 외에도, 페르마는 두 제곱수 정리 등 다른 많은 정리들을 제안했다. 두 제곱수 정리는 "홀수인 소수가 두 제곱수의 합이 될 필요충분조건은 이 소수가 4로 나누어 나머지가 1이 된다."는 것이다. 예를 들면, 13은 4로 나누면 몫이 3이고 나머지가 1인 홀수인 소수이고 $13 = 3^2 + 2^2$이다. 그리고 $5 = 1^2 + 2^2$, $41 = 4^2 + 5^2$, $79601 = 200^2 + 199^2$ 등이 있다.

또한, 페르마는 독자적으로 해석기하학의 형식을 제안하였는데, 이것은 데카르트와의 우선권 문제로 격렬한 논쟁을 벌이는 계기가 되었다. 데카르트와 마찬가지로, 페르마는 해석기하학을 3차원으로 확장하기 위해 세 번째 축의 사용을 제안했고, 뉴턴과 라이프니츠의 미적분학을 예측한 무한소 및 곡선의 기울기를 구하는 방법에 대해서도 연구하였다. 그리고 그는 파스칼과의 서신 왕래를 통해 완전히 새로운 수학 분야인 확률론 연구에도 공헌하였다.

페르마 수

수학자들은 소수(prime number)가 되는 자연수의 형태를 찾기 위해 많은 노력을 하였다. 페르마 역시 페르마 수라고 부르는 $F_n = 2^{2^n} + 1$ 형태의 자연수는 소수일 것으로 생각하고, 다음의 처음 7개의 페르마 수

$$F_0 = 2^1 + 1 = 3, \qquad F_1 = 2^2 + 1 = 5,$$

$$F_2 = 2^4 + 1 = 17, \qquad F_3 = 2^8 + 1 = 257,$$

$$F_4 = 2^{16} + 1 = 65537, \quad F_5 = 2^{32} + 1 = 4294967297,$$

$$F_6 = 2^{64} + 1 = 18446744073709551617$$

중에서 F_0부터 F_4까지는 소수임을 확인하였다. 그러나 1732년, 오일러(Euler, 1707~1783)는 F_n이 $(k \cdot 2^{n+1} + 1)$ 형태의 인수를 가질 수 있음을 증명하고, F_5는 $64 \cdot 10 + 1 = 641$을 인수로 갖는다는 사실을 밝혔다. 실제로, F_5와 F_6은 다음과 같이 나타낼 수 있으므로 소수가 아니다.

$$F_5 = 641 \times 6700417, \quad F_6 = 274177 \times 67280421310721$$

열세 번째 수학자 이야기

확률론의 창시자 파스칼

(Blaise Pascal, 1623년~1662년)

파스칼은 종교와 비종교가 끊임없이 반목하던 1623년, 프랑스 클레르몽 페랑의 법관 집안에서 1남 3녀 중에서 셋째로 태어났다. 그의 아버지는 파스칼이 3세일 때 아내와 사별하자, 아들의 교육에 전념하기로 결심하고 파스칼이 8세 되는 해, 직장을 그만두고 파리로 이사를 가게 된다. 평소 수학에 호기심이 많았던 파스칼의 아버지는 일류 과학자들을 집에 초청하여 토론하고 듣는 것을 기쁨으로 삼았다. 어린 파스칼에게 과학에 대한 토론을 들을 수 있게 허락함으로써, 파스칼은 학교교육을 전혀 받지 않았음에도 학교에 다니는 것 이상으로 많은 것을 듣고 배울 수 있었다.

파스칼은 수학 분야에서 비범함을 보였으며, 16세 때에는 《원뿔곡선 시론》을 발표하여 데카르트를 비롯한 많은 수학자들로부터 주목을 받았다. 그는 끊임없는 연구 활동으로 일찍부터 건강을 해치고 있었다. 사영기하학에 나오는 '파스칼의 정리'는 이 시론에 기술되어 있다.

1640년 당시 세무 감독원이었던 아버지와 함께 루앙으로 이사한 파스칼은 아버지의 세금 계산을 돕기 위해 계산기를 고안하여 2년 만에 성공하였다. 이는 유럽 역사상 두 번째로 만든 계산기로 알려져 있으며, 세계 최초의 디지털 계산기라 할 수 있다. 그는 진공 문제에도 흥미를 가져, 마침내 《진공에 관한 신실험》을 발표하였다. 1647년 자신의 질병에 대한 진찰을 받기 위해 파리로 돌아가서 데카르트를 만나게 된다.

1658년 파스칼은 우연한 기회에 사이클로이드 문제를 해결하고 적분법을 창안해냈다. 〈사이클로이드의 역사〉, 〈삼선형론〉, 〈사분원의 사인론〉, 〈원호론〉, 〈사이클로이드 일반론〉 등 일련의 수학 논문 속에 그 이론이 잘 나타나 있다. 파스칼은 《그리스도교의 변증론》을 집필하기 위하여, 원고를 쓰기 시작하였으나 병고로 인해 완성하지 못한 채, 39세로 생애를 마쳤다. 사망 후 그의 가까운 친척과 친우들이 그 초고를 정리하여 간행하였는데, 이것이 1670년 출간한 《팡세》의 초판본이다.

파스칼은 사교계에 뛰어들어 인생의 기쁨을 추구하고자 하였다. 노름에서 딴 돈을 공정하게 분배해주는 문제에서 확률론을 창안하여, 《수삼각형론》과 그와 관련된 논문을 발표하였다. 파스칼은 이 논문으로 수학적 귀납법의 훌륭한 전형을 구성하였으며, 수의 순열, 조합, 확률과 이항식에 대한 수삼각형의 응용을 설명하였다.

이제, 파스칼의 삼각형에 대해 알아보자.

다음과 같은 규칙을 세워 $(a+b)^n$을 전개하여, 그 계수들을 살펴보자.

① 반드시 a를 먼저 쓴다.

② a의 승수가 큰 쪽에서 작은 쪽으로 쓴다.

③ b는 반드시 나중에 쓴다.

④ b는 승수가 낮은 쪽에서 높은 쪽으로 쓴다.

이때, $n=1,\ 2,\ 3$인 경우의 전개식은 각각

$$(a+b)^1 = a+b, \quad (a+b)^2 = a^2+2ab+b^2,$$
$$(a+b)^3 = a^3+3a^2b+3ab^2+b^3$$

으로 나타난다. 이때, 각 변수들의 계수를 살펴보면, 제곱일 때에는 1, 2, 1이고, 세제곱일 때는 1, 3, 3, 1임을 알 수 있다. 그리고 $n=4$이면, 다음에서 보는 바와 같이 1, 4, 6, 4, 1이다.

$$(a+b)^4 = a^4+4a^3b+6a^2b^2+4ab^3+b^4$$

이는 처음에는 1을 두고, 그 다음 4는 세제곱에서의 1과 그 옆의 3을 합친 수이고, 그 다음의 6은 세제곱에서의 3과 그 옆의 3을 합친 것임을 알 수 있다. 따라서 전개식의 각 변수들의 계수는 다음과 같은 삼각형 모양으로 나타낼 수 있다. 이러한 자연수의 배열을 파스칼의 삼각형(Pascal's triangle)이라 한다.

$$\begin{array}{ccccccccccccc}
 & & & & & & 1 & & & & & & \\
 & & & & & 1 & & 1 & & & & & \\
 & & & & 1 & & 2 & & 1 & & & & \\
 & & & 1 & & 3 & & 3 & & 1 & & & \\
 & & 1 & & 4 & & 6 & & 4 & & 1 & & \\
 & 1 & & 5 & & 10 & & 10 & & 5 & & 1 & \\
1 & & 6 & & 15 & & 20 & & 15 & & 6 & & 1 \\
 & & & & & & \vdots & & & & & &
\end{array}$$

파스칼의 삼각형은 파스칼의 이름이 붙여지기는 하였지만, 인도와 아랍, 중국 등에서 이미 이에 대한 많은 사실들이 알려져 있었다. 현존하는 가장 오래된 문서는 중국의 수학자 양휘가 남긴 것으로, 1303년 주세걸이 쓴 책에 다시 등장한다. 이로 인해, 중국에서는 양휘의 삼각형이라 한다. 이탈리아에서는 1556년 이 삼각형의 6번째 행까지 계산된 책을 출판한 타르탈리아의 이름을 따서 타르탈리아의 삼각형이라고 한다. 그럼에도 불구하고, 오늘날 파스칼의 삼각형이라고 부르는 이유는 파스칼이 이에 대한 성질을 많이 찾아내어 응용하였기 때문이다. 파스칼이 1665년 출판한 저서 《수삼각형론》에서 이 삼각형을 소개하였는데, 수학적 귀납법의 시초라 할 수 있는 표현이 나온다.

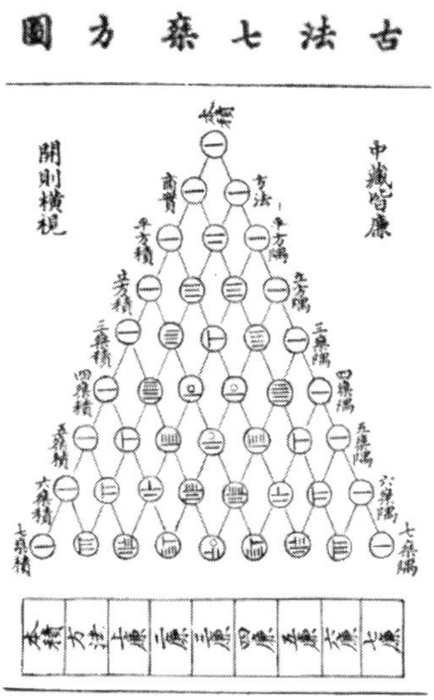

| 양휘의 삼각형 |

확률론의 발전단계를 살펴볼 때, 그 기본개념으로서의 확률은, 선험적 확률, 경험적 또는 통계적 확률, 직관적 확률 및 집합의 측도로서의 확률 등으로 구분할 수 있다. 이 중에서 선험적 확률은 모든 사건이 일어날 수 있는 가능성이 같다고 간주하고, 그 사건이 일어날 확률은 가능한 모든 경우의 수에 대한 그 사건이 일어날 경우의 수의 비율로 구한다. 예컨대, 한 개의 주사위를 던져서 각 수가 나오는 확률은 모두 같다고 생각하기 때문에, 홀수가 나올 확률은 $\frac{3}{6}=\frac{1}{2}$ 이다. 파스칼과 베르누이 등의 고전적 확률론은 이와 같은 선험적 확률론을 기초로 하고 있다.

1654년 여전히 질병에 시달리던 파스칼은 도박꾼인 친구 메레(Mere)의 물음에 대해 페르마와 편지를 주고받았는데, 그 내용이 확률론의 기초가 되었다. 메레의 질문은 다음과 같았다.

> "돈을 걸고 게임을 하다가 중간에 그만두어야 할 때, 건 돈을 공정하게 나누는 방법은 무엇인가?"

A, B 두 사람이 각각 32개의 동전을 걸고, 먼저 3점을 낸 사람이 동전 64개를 모두 가져가는 게임을 하다가 중단하게 되는 경우, 동전을 나누는 방법에 대해 파스칼은 다음의 3가지 경우로 나누어 그 방법을 설명하고 있다. 여기서, 두 사람 중에서 한 사람이 1점을 낼 가능성은 서로 같다고 가정한다. 그리고 비긴 상태에서 게임이 중단된 경우는 동전을 똑같이 32개씩 나눠 가지면 되니까, 그 경우는 파스칼이 제외한 것으로 보인다.

① 한 사람은 2점, 다른 사람은 1점인 상태에서 중단된 경우, A가 2점, B가 1점을 얻었다고 해보자. 이때, A가 다음 판에서 이기면 먼저 3점이 되므로 동전 64개를 모두 차지하고, A가 다음 판에서 지면 두 사람이 모두 2점이 되어 무승부가 되므로 동전을 반씩 나눠 가지는 것이 공정하다. 따라서 A는 다음 판의 승부에 관계없이 적어도 동전 32개는 확보되어 있으니, 32개는 A가 일단 가져가고, 나머지 동전 32개는 다음 판의 승패에 따라 결정되므로, 각각 반으로 나누면 된다. 따라서 2점을 낸 사람은 동전 48개, 1점을 낸 사람은 16개를 차지하면 된다.

② 한 사람은 2점, 다른 사람은 0점인 상태에서 중단된 경우, A는 2점, B는 0점이라 하자. 이때, A가 다음 판에서 이기면 먼저 3점이 되므로 동전 64개를 모두 차지하고, A가 다음 판에서 지면 ①의 경우와 같으므로, A는 다음 판의 승부에 관계없이 적어도 동전 48개는 확보

되어 있으니, 48개는 A가 일단 가져가고, 나머지 16개는 다음 판의 승패에 따라 결정되므로, 각각 반으로 나누면 된다. 따라서 2점을 낸 사람은 동전 56개, 0점인 사람은 8개만 가지면 된다.

③ 한 사람은 1점, 다른 사람은 0점인 상태에서 중단된 경우, A는 1점, B는 0점이라 하자. 이때, A가 다음 판에서 먼저 이기면 2점이고 B는 0점이므로, ②에 의해 A는 동전 56개를 차지하게 되고, A가 다음 판에서 지면 두 사람은 비기게 되어 각각 동전 32개씩을 가지면 된다. 즉, 적어도 32개는 1점을 낸 사람의 몫이다. 따라서 A는 동전 56개 중에서 32개를 제외한 나머지 24개의 절반도 자기가 갖는 것이 공정하다고 생각할 것이다. 결과적으로 1점을 낸 사람은 동전 44개, 0점인 사람은 20개를 가지면 된다.

파스칼은 위와 같은 답을 제시하면서, 보다 일반적인 경우에 대한 풀이 방법을 파스칼의 삼각형을 이용하여 설명하였다. 즉, $(m+n)$점을 먼저 얻으면 이기는 게임에서 한 사람이 m점이고, 다른 사람이 n점일 때, 게임이 중단된 경우, 어떻게 분배해야 하는지를 다음과 같이 말해주고 있다. 여기서, 두 사람 중에서 한 사람이 1점을 낼 가능성은 서로 같다고 가정한다. 또한, 그는 두 사람 중 한 사람의 승률이 높은 경우에 대해서도 풀이 방법을 제시하였다.

> m점인 사람이 이기는 경우의 수는 파스칼의 삼각형의 $(m+n)$번째 줄에서 첫 번째 숫자부터 m개의 숫자를 모두 더한 M과 같고, 다음 사람이 이길 경우의 수는 나머지 n개의 숫자를 모두 더한 N과 같다. 따라서 전체 상금을 $M:N$으로 나누면 공정하다.

위의 M과 N을 우리가 잘 알고 있는 조합을 이용하여 식으로 나타내면, 다음과 같다.

$$M = \sum_{k=0}^{m-1} {}_{m+n-1}C_k$$

$$N = \sum_{k=0}^{n-1} {}_{m+n-1}C_{m+k}$$

여기서, ${}_nC_r$은 n개에서 r개를 뽑는 조합을 의미한다.

사이클로이드 곡선

사이클로이드 곡선(cycloid curve)은 다음 그림에서와 같이, 반지름이 a인 원 위에 점 P을 잡고 그 원을 한 직선 위에 굴렸을 때, 점 P가 그리는 곡선을 말한다. 이 곡선은 수학과 물리학에 있어서 매우 중요하며 초기 미분적분학의 개발에 크게 도움을 주었다. 이때, 곡선의 식은, 원이 직선 위를 회전하는 회전각 θ에 대해, $x = a(\theta - \sin\theta)$, $y = a(1 - \cos\theta)$로 주어진다.

사이클로이드 곡선에 대한 여러 성질들이 있지만, 그중에서도 흥미로운 것은 사이클로이드를 거꾸로 한 형태의 그릇을 만들고 그 벽에 유리구슬을 놓으면 위치와 상관없이 바닥에 닿기까지 걸리는 시간은 항상 같다는 것이다.

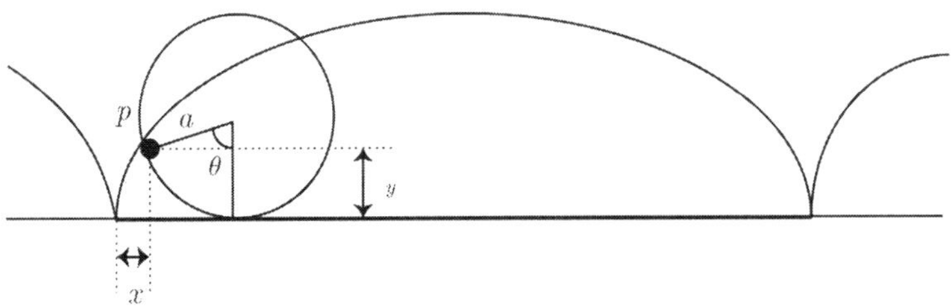

열네 번째 수학자 이야기

미적분학의 아버지 뉴턴

(Isaac Newton, 1642년~1727년)

뉴턴은 갈릴레이가 사망하던 1642년 12월 25일에 영국의 링컨셔 지역의 농가에서 태어났다. 부유한 농부였던 그의 아버지는 뉴턴이 태어나기 3개월 전에 사망했으며, 조산아였던 뉴턴은 몸집이 매우 작았다고 한다. 3년 뒤에 어머니가 성직자와 재혼하면서 뉴턴은 할머니에게 맡겨졌다. 뉴턴은 혼자 지내면서 내면세계에 깊이 빠져들었고, 자연스럽게 호기심을 키워나가는 시간이 많아졌으며, 자기 자신과 대화하기를 좋아했는데, 이는 평생에 걸쳐 뉴턴의 성격을 형성하였다.

12세 되던 해, 의붓아버지도 세상을 떠나게 되자, 뉴턴은 고향으로 돌아온 어머니, 의형제들과 함께 살게 되었다. 어머니는 뉴턴이 고향에서 집안의 일을 도우며 같이 살기를 바랐지만, 그는 학교에 가기를 원했다. 뉴턴은 집에서 가장 가까운 그랜섬에 있는 킹즈 스쿨에 다녔는데, 거리가 멀지 않았음에도 하숙을 하였다. 그랜섬에는 개천이 많아 사람들은 곡식을 찧기 위해 물레방아를 사용하고 있었다. 근처에 풍차가 하나 세워지자 많은 사람들이 신기해하면서 화젯거리가 되었다. 물론, 호기심 많았던 뉴턴이 그냥 지나칠 리가 없었다. 진기한 풍차에 흥미를 느끼고 풍차의 작동 원리를 연구하였다. 어린 나이였음에도 뉴턴은 풍차의 모형을 정확히 만들었고, 뉴턴이 만든 모형 풍차는 바람을 받아 작동하였다. 이러한 뉴턴의 능력을 잘 알고 있던 선생님은 어머니를 설득하여 뉴턴이 대학에 갈 수 있도록 도와주었다. 이로써, 뉴턴은 19세 되던 1661년에 케임브리지대학의 트리니티 칼리지에 입학하게 된다.

당시 대학은 고대 그리스 철학자들, 그중에서도 아리스토텔레스의 견해를 전수하는 일에 몰두하고 있어서 새로 등장하고 있던 갈릴레이나 케플러, 데카르트 등의 견해를 소개하는 데는 매우 인색하였다. 게다가 수학이나 실험을 중요시하는 오늘날과는 달리, 논리에 따라 주장을 펴는 논쟁과 토론을 중요하게 여겼다. 따라서 최신 학문을 배우고자 원했던 뉴턴에게 대학은 많은 실망을 안겨주었다. 그런 중에, 1663년 부임한 배로(Barrow) 교수의 기하학과 광학에 대한 강의를 들었으며, 독학으로 갈릴레이의 역학, 케플러의 광학과 천문학, 보일의 색깔론, 데카르트의 기계적 철학, 광학과 기하학에 대한 공부를 하였다. 뉴턴은 자연현상을 물질과 운동으로 설명하면서 아리스토텔레스를 비판했던 데카르트의 기계적 철학에 매료되었다. 그는 1665년 8월에 학사학위를 받고 대학을 졸업하였다.

그 당시 런던에서 창궐한 페스트 때문에 대학이 휴교를 하자, 그는 고향으로 돌아가게 되었다. 그 후, 1667년에 대학이 다시 개교할 때까지 혼자서 광학, 역학, 수학을 공부했다. 이 시기 동안에 뉴턴은 빛과 색깔에 대한 기존의 이론과는 다른 이론을 착안하였고, 물체의 운동, 특히 원운동에 대해 깊게 생각하였으며, 미적분의 기초를 만들었다. 이런 이유로, 1665~1666년을 뉴턴에게 있어서 '기적의 해'라고 불린다. 이 시기 그의 연구 목록에서 중요한 부분을 차지했던 주제 중의 하나는 '빛'이었다. 특히, 그는 프리즘을 이용하여 빛에 관한 중요한 성질을 밝혀내었다.

1667년 대학이 다시 문을 열자, 뉴턴은 케임브리지로 돌아와 석사학위를 받았으며, 1672년 왕립학회 회원으로 선정되었다. 이에 앞서 1669년 스승 발로의 뒤를 이어 모교 수학교수가 되어 광학을 강의하면서, 미적분에 관한 연구를 시작하였다. 그리고 물체 운동과 만유인력의 기초 법칙을 바탕으로 이론역학을 정립한 것은 저서 《프린키피아(자연철학의 수학적 원리)》이었다. 《프린키피아》를 출판한 이후, 뉴턴은 점점 더 유명해졌다. 1688년의 명예혁명 이후에 케임브리지대학 대표로 하원에 진출해서 정계에 입문했으며, 위조 동전을 방지하는 기술을 발명하여 1691년에 조폐국장에 임명되었다.

그는 1703년에는 왕립학회 회장으로 선출되어 카리스마적인 리더십으로 왕립학회를 운영했다. 1705년에는 영국 왕실로부터 기사에 서훈되는데, 이는 과학적 업적으로 작위를 받은 첫 번째 사례가 되었다. 뉴턴은 1727년 3월 20일에 사망했으며 웨스트민스터 사원에 안장되었다. 영국의 시인 알렉산더 포프는 뉴턴을 향한 조사를 다음과 같이 읊었다.

> 자연과 자연의 법칙은
> 어둠 속에 숨겨져 있었네.

신이 말하길, 뉴턴이여 있으라.
그러자 모든 것이 광명이었나니.

뉴턴과 빛의 관계는 그가 1663년 스터브리지 박람회에 갔다가 점성술 책을 보게 되면서 시작된 것으로 보인다. 뉴턴은 점성술의 원리를 제대로 이해하기 위해 케플러와 데카르트의 기하학 및 광학을 독학하였다. 특히, 뉴턴은 1665~1666년에 암실을 만들어 방을 어둡게 한 다음, 창에 만든 둥근 구멍을 통해 한 줄기의 태양 광선이 들어오게 하여 그것을 프리즘으로 굴절시켜서 길쭉한 스펙트럼이 만들어지는 것을 관찰하였다. 그는 왜 이런 현상이 일어나는가를 깊이 생각했고, 결국 빛과 색깔에 대한 기존의 이론들이 이런 현상을 설명하지 못한다는 것을 알게 되었다.

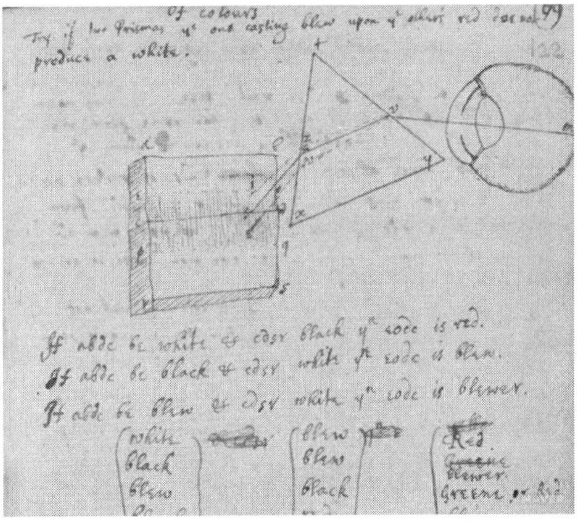

| 뉴턴의 광학 노트 |

뉴턴은 이 현상에 대해 "백색광에는 원래 굴절률이 다른 여러 색깔의 광선이 존재하며, 이들이 프리즘을 통과한 후 서로 다른 각도로 굴절되기 때문에 길쭉한 스펙트럼을 만들어낸다."라고 결론을 내렸다. 뉴턴은 빛과 색깔에 대한 독창적이고 근대적인 이론을 주창했고, 이를 1704년 그의 저서 《광학》에 기술하였다.

한마디로, 뉴턴은 코페르니쿠스로부터 촉발된 17세기 과학혁명이라는 거대한 역사적 사건을 대표하는 상징적인 인물이라 할 수 있다. 그는 1687년에 출판된 《프린키피아》를 통해 근대역학과 근대천문학을 확립하였다. 지구와 사과 사이, 지구와 달 사이, 태양과 목성 사이에는 거리의 제곱에 반비례하는 인력이 작용한다는 것을 밝히고, 이와 함께, 자신의 3가지 운동법칙, 즉 관성의 법칙, 운동의 법칙, 작용·반작용의 법칙을 결합하여 행성의 타원 운동은 물론 지상과 우주의 여러 운동들을 수학적으로 설명하였다. 또 만유인력의 개념을 통해 태양계의 운동을 설명하였다. 만유인력은 모든 물체 사이에 작용하는 인력 개념을 도입하고, 그것의 수학적 크기와 특성을 제시함으로써, 우주와 지구의 물리학을 동일한 기반에서 설명할 수 있는 도구를 제공하였다.

자연은 수학으로 기록된 책이고, 수학은 자연을 읽는 언어이다. 뉴턴은 우주와 자연현상을 수학적 언어로 해석해 냄으로써 근대 과학에서의 합리적 분석의 전형을 창출했다. 다음은 만유인력과 관련된 '뉴턴의 사과'에 대한 일화이다.

> 1665년 어느 가을날 저녁, 뉴턴은 사과나무 아래에서 달을 보며 사색에 잠겨 있었다. 바로 그때 사과 한 개가 떨어졌다. 뉴턴은 떨어진 사과를 바라보며, 받쳐주는 것이 없으면 모든 물체는 떨어지기 마련인데, 왜 달은 떨어지지 않을까 하고 곰곰이 생각했다. 그 순간 문득 사과나 달 모두 지구 인력의 영향 아래에 있지만, 달은 돌고 있기에 떨어지지 않을 뿐이라는 생각이 스쳐갔다. 사과와 달에 동일한 법칙이 적용될 수 있다는 생각이 떠올랐던 것이다. 그렇다면 태양의 모든 행성들에도 마찬가지로 동일한 법칙이 적용될 수 있지 않을까? 이들 모두에 보편적으로 적용되는 자연 법칙이 존재하지 않을까?

이 이야기는 많이 알려져 있지만, 현재는 신뢰하기 어렵다는 것이 정설이다. 하지만 이 일화에서 돋보이는 것은 사과의 운동과 행성의 운동을 만유인력으로 이끌어가는 상상력이다. 이 같은 상상력이 만유인력의 법칙 형태로 공표된 것은 그로부터 22년이 지난 1687년에 이르러서다. 뉴턴이 사과가 떨어지는 소리를 듣고 만유인력을 발견하였다는, 그 사과나무는 1814년에 죽었다고 한다. 그러나 다행히도 그 나무에서 몇 그루의 사과나무가 접목되어 오늘날까지 전 세계로 보내지고 있다.

그런데 놀라운 것은 뉴턴의 사과나무로부터 접목되어 번식된 사과나무가 저자가 재직하고 있는 부경대학교에서 자라고 있다는 사실이다. 일본 아키다현 농업기술개발과로부터 뉴턴의 사과나무의 적통을 기증받았다고 하는데, 사과나무를 식재한 지 13년만인 2003년에 사과 한 개가 맺혔다가 태풍 매미에 의해 떨어지고, 2005년에는 수십 개의 사과가 열리기도 하였다.

뉴턴의 만유인력 개념은 크게 3단계를 거쳐 20년이 넘는 시간 동안 발전되었다. 첫 번째는 1665~1666년 사이에 이루어진 것으로, 이 단계에서 태양과 행성에 작용하는 힘은 거리의 제곱에 반비례한다는 수학적인 개념이 등장한다. 두 번째는 1679~1680년 사이에 뉴턴이 후크가 보낸 편지에 자극을 받아서 힘의 방향, 즉 구심력의 개념을 형성하는 단계이고, 세 번째 단계는 1684~1687년까지로, 천문학자 핼리의 요청으로 거리의 제곱에 반비례하는 힘이 작용할 때 행성의 운동궤적이 타원이 된다는 것을 증명한 것이 계기가 되어 《프린키피아》를 저술하면서 만유인력 개념을 완성하는 단계이다. 실제로, 뉴턴의 생각은 후크와의 서신 교환을 통해 원운동을 하는 물체를 중심에서 잡아당기는 구심력의 개념에 도달함으로써 크게 발전한 것으로 보인다. 코페르니쿠스부터 150년 가까운 세월 동안 과학의 여러 분야에서 일어났던 다양한 변화들은 뉴턴이라는 하나의 수렴점을 거쳐 근대 과학이라는 통일된 체계로 태어났던 것이다.

뉴턴의 연금술에 연구는 20세기 초까지 잘 알려지지 않았으나, 뉴턴의 자료를 사들였던 유명한 경제학자 케인즈에 의해 소개되었다. 그는 방대한 양의 연금술 연구 노트를 보고 뉴턴은 근대적인 과학자가 아니라 '최후의 연금술사'였다고 했다. 이로써 빛을 보게 된 뉴턴의 연금술 연구에 대해 많은 사람들은 놀라움을 금치 못했다. 뉴턴은 많은 연금술 책들을 섭렵했고 실험에도 몰두했다. 이런 신비주의적 연구를 뉴턴이라는 과학적인 인물이 수행했다는 점이 의외로 받아들여졌던 것이다. 그러나 뉴턴을 연구하는 일부 과학사학자는 뉴턴의 원거리 작용의 근원을 그의 연금술 연구에서 찾을 수 있다고 한다.

미적분학은 곡선의 연구에 필요한 수학적 도구다. 특히, 곡선의 기울기와 곡선 아래의 넓이를 계산할 때 유용하다. 고대 바빌로니아인들과 이집트인들은 직선의 기울기를 구하는 방법과 그 아래의 넓이를 구하는 방법을 알고 있었다. 고대 그리스 수학자들은 구와 같은 곡면으로 된 몇 가지 도형의 부피는 계산하였으나, 옆면이 곡면으로 된 통 안의 포도주 부피를 계산하는 문제 등은 해결하지 못하였다. 16세기와 17세기에, 공중을 날아가는 포탄의 곡선 궤도, 중력에 따른 물체의 가속도와 행성의 타원궤도 등 주로 운동과 관련된 문제에 관심이 집중되면서 곡선을 다루는 새로운 수학적 방법을 필요로 하게 되었다. 17세기에 유럽의 많은 수학자들이 이 문제에 대해 연구하였으며, 이는 미적분이 발전하는 계기가 되었다.

고대 그리스 수학자 에우독소스와 아르키메데스는 곡선 아래의 넓이를 구하는 초기 형태의 적분법을 개발했다. 그러나 미분법은 곡선 위의 임의의 한 점에서의 접선의 기울기를 구하는 것으로 또 다른 난제였다. 데카르트의 해석기하학과 좌표계는 이들 문제를 나타내고 해결하기 위한 중요한 해결법을 제공했으며, 일반 접근법인 근사 접근법이 오랫동안 사용되어왔다. 곡선을 직선 위의 점들을 지나는 접선으로 생각하고, 곡선 아래의 넓이를 보다 많고, 보다 작은 직사각형 및 삼각형들로 분할하여 사용하면 보다 근접한 근삿값을 얻을 수 있지만, 여전히 그것은 근삿값에 불과할 뿐이다.

1665년, 많은 수학자들이 적분과 미분의 개발에 기여했다. 케플러와 갈릴레이가 실마리를 제공했고, 갈릴레이의 제자인 카발리에리(Cavalieri)는 그 두 가지 개념을 통합하는 이론을 개발했다. 페르마는 몇몇 특별한 곡선의 도함수를 발견하였으며, 17세기 케임브리지대학의 수학교수인 배로(Barrow)는 곡선의 접선으로 도함수를 구하는 방법을 나타냈다. 그러나 뉴턴은 그 문제를 이전의 구체적이었던 것들을 일반화함으로써 완벽하게 해결한 제자들 중 한 명이었다. 미적분학의 아버지라 불리는 뉴턴은 1666년 유분법(미적분학)을 발견하고, 구적 및 접선문제에 응용하여 근대수학의 큰 줄기를 바꾸었던 것이다. 뉴턴은 당시 수학자들 사이에 알려진 문제 중에서 풀지 못한 것이 없었다고 한다. 라이프니츠가 했다는 다음 말은 뉴턴의 수학적 업적이 얼마나 위대했는지를 말해준다.

> "인류 역사상 뉴턴 시대까지의 수학 업적 중에서 뉴턴의 업적이 절반이다."

뉴턴은 곡선 위에 주어진 한 점에서의 순간 변화율(도함수)을 유율이라고 했으며, 이때 곡선의 변화하는 x, y좌표는 흐르는 양, 유량으로 간주했다. 이 방법을 이용하여, 뉴턴은 곡선 위의 임의의 점에서의 접선의 기울기를 나타내는 도함수를 계산하였다. 예를 들어, 직선을 나타내는 함수 $y=3x$의 도함수(유율)는 3이고, 곡선을 나타내는 함수 $y=x^2$의 도함수는 $2x$이다. 또한, 뉴턴은 배로 같은 수학자들이 이미 적분은 미분의 역산임을 알고 있는 것으로 생각했다. 미적분학의 기본정리로 알려져 있는 이 주장은 적분이 미분의 역산이고, 미분이 적분의 역산임을 말하는 것으로, 어떤 함수라도 적분한 다음 미분하면 원래의 함수가 된다.

그러나 뉴턴은 그의 업적인 미적분학이 발전되어 미적분의 시대가 도래 하였음에도, 뉴턴은 유율법을 곧 바로 발표하지 않았다. 한편, 독일의 수학자 라이프니츠(Leibniz, 1646~1716)도 미적분학을 발견하였는데, 그가 남긴 업적은 대단한 것이었다. 라이프니츠의 미적분학 발견에 대한 소식이 전해지면서, 뉴턴은 연구 결과를 출판할 것과 누가 먼저 발견했는지에 대한 우선권을 확실히 하라는 재촉을 받지만 서두르지 않았다. 그는 1704년이 되어서야 미적분학에 관한 자세한 설명을 그의 저서 《광학》의 부록으로 출판하였다.

1676년 뉴턴은 라이프니츠에게 자신의 주장을 암호로 숨겨서 보냈다. 이 암호는 라틴어로 된 글에서 각 단어에 들어 있는 문자의 수를 나타낸 것으로, 해독하면 다음과 같다.

> "유량을 나타낸 임의의 수가 포함된 방정식을 만들면 유율을 구할 수 있으며, 역으로 유율을 알고 있으면 유량을 나타낸 임의의 수가 포함된 방정식을 세울 수 있다."

그러나 라이프니츠는 1684년 미적분학에 대한 설명을 책으로 출간하였다. 그리고 미적분학 발견의 우선권에 관한 세간의 관심사에 대해 가볍게 응대했다.

> "나는 뉴턴 경이 이미 그 원리들을 알고 있었다는 것을 알고 있다. 하지만 누구라도 한 번에 모든 결과를 발견하지는 못한다. 한 사람이 한 가지 기여를 하고, 다른 사람은 또 다른 기여를 한다."

그러나 라이프니츠와 달리 뉴턴은 "두 번째 발견자는 중요하지 않다"라고 주장하며 논쟁에 불을 붙였다. 이 두 수학자의 우선권 싸움은 영국과 유럽 대륙 간의 논쟁으로 발전하게 된다. 이때, 영국왕립협회에서는 뉴턴이 미적분의 창시자라고 뉴턴의 편을 들었지만, 라이프니츠의 미적분학은 뉴턴의 것과는 완전히 독립적이었다. 결국, 명예롭지 못한 논쟁으로 영국과 유럽 대륙 사이에는 수학적 교류가 끊기게 되었다. 오늘날은 뉴턴과 라이프니츠 두 사람이 비슷한 시기에 서로 독립적으로 미적분학을 발견한 것으로 인정하고 있다. 이와 관련된 이야기는 다음 절의 라이프니츠 편에서도 볼 수 있다.

케플러 (Kepler, 1571~1630)

"행성은 태양을 하나의 초점으로 하는 타원궤도를 그리며 공전한다."라는 케플러의 제1법칙은 케플러가 화성을 관측하는 과정에서 얻은 것이다. 케플러는 태양중심설의 입장에서 지구의 공전궤도를 원이라고 가정하고 화성의 공전궤도를 기하학적으로 작도한 결과, 그 궤도가 태양을 초점으로 하는 타원임을 알게 되었다. 케플러의 법칙은 뉴턴이 만유인력을 발견하는 데 중요한 영향을 끼친다. 역학적 자연관에 따르면, '자연은 일정한 법칙에 따라 운동하는 복잡하고 거대한 기계와 같은 것'이라고 하였다. 실제로, 뉴턴은 우주를 거대한 시계에 비유하였으며, 이러한 관점은 자연을 기계 부품들과 이들 사이에 작용하는 상호관계의 결합으로 본다.

열다섯 번째 수학자 이야기

수학기호의 마술사 라이프니츠

(Gottfried Wilhelm Leibniz, 1646년~1716년)

라이프니츠는 1646년에 독일의 라이프치히에서, 법률가이자 도덕철학교수인 아버지와 명망 있는 법률가의 딸인 어머니 사이에서 태어났다. 그의 아버지는 일찍 죽었지만, 많은 장서를 남겨두어 라이프니츠로 하여금 많은 문제들에 대하여 해박한 지식을 갖도록 하는 데에 도움을 주었다.

라이프니츠는 학교에 들어가기 전부터 독학으로 라틴어를 비롯하여 스콜라 철학에 관한 폭넓은 지식을 갖추었다. 12세 때 이미 논리학의 문제에 대해 숙고하기 시작하여, 그때부터 모든 문자가 알파벳으로 이루어져 있듯이 인간의 사고를 구성하는 별도의 알파벳을 개발할 계획을 세웠다. 그리고 14세에 라이프치히대학에 입학할 정도로 비범하였다.

라이프치히대학에서 그는 주로 철학에 관한 공부를 하였으며, 여기서 베이컨, 케플러, 갈릴레이와 데카르트 등의 저서를 접하게 된다.

1663년 학부과정을 마치고, 예나대학에 가서 수학자이자, 천문학자 그리고 물리학자인 바이겔에게서 한 학기 동안 '수에 의해 특징지어질 수 있는 세계의 조화에 관한 사상'을 수강하였다. 다시 라이프치히로 돌아온 후, 법학에 관심을 가지고 박사과정에 진학하려 하였으나, 라이프치히대학은 나이가 어리다는 이유로 입학을 허가하지 않았다. 그래서 라이프니츠는 알트도르프대학에 진학하여 1667년에 〈결합술에 관한 논고〉라는 논문으로 법학박사 학위를 받았다.

라이프니츠는 학위를 마친 후, 알트도르프대학의 교수직 제안을 거절하고, 1668년부터 1672년까지 마인츠에서 체류하는 동안 기독교 국가의 공동 법전을 만드는 일과, 신구교의 기독교 종파를 하나로 통합하는 일을 하였다. 1672년에는 루이 14세로 하여금 이집트를 원정하도록 설득하려는 외교적 목적을 가지고 파리를 방문하여 1676년까지 체류하게 되지만, 라이프니츠의 외교적 사명은 성공하지 못하였다. 그 대신 파리에 머물면서 많은 학자들과 교류하게 된다.

그는 파리의 학자들과 교류하는 가운데 자신이 물리학과 수학에 무지함을 깨닫고 수학 연구에 열중함으로써 사칙연산이 가능한 최초의 계산기를 발명하였을 뿐만 아니라, 뉴턴과 독립적으로 미적분을 발견하였다. 그러나 미적분의 발견은 그의 말년을 오랫동안 뉴턴과의 표절 시비에 휘말리게 하였다. 원래 미적분은 뉴턴이 라이프니츠보다 먼저 발견하고도 발표를 미루고 있었는데, 독자적으로 미적분을 발견한 라이프니츠가 먼저 발표하자 뉴턴 쪽에서 표절 시비를 제기하였던 것이다.

라이프니츠는 1676년부터 그의 말년까지 프리드리히 공작의 궁정 고문관 및 도서관 사서로 일하게 된다. 여기서 그는 후에 프로이센의 왕비가 되는 샤를로테와 깊은 우정을 맺게 된다. 특히, 샤를로테와의 대화는 라이프니츠가 저술한 《신론》과 《신인간오성론》을 집필하는 토대가 되었다고 한다. 또한, 그는 남부 독일, 빈, 로마, 나폴리 등을 여행하면서, 여러 지역에 학술원 설립을 추진하였다.

그리고 벨펜 가의 역사를 서술하기 위한 자료 수집을 위해 로마를 방문하였다가 그곳에서 예수회의 중국 선교사들을 만나 중국에 관심을 갖고 중국과의 학술 교환 및 중국에 대한 개신교 선교를 계획하기도 했다. 그는 마지막 저술로 《신중국학》을 저술할 만큼 말년에 중국학 연구에 몰두하였다. 1714년에 그가 섬기던 하노버의 게오르그 루드비히가 조지 1세가 되어 영국 왕으로 등극하였으나, 라이프니츠는 하노버에 남아 쓸쓸히 말년을 지내다 1716년 11월 14일에 세상을 떠났다.

이제, 수학과 관련된 라이프니츠의 생각에 대해 살펴보자.

라이프니츠의 이진법은 분명히 구분되는 2개의 기호(예를 들어, 0과 1)를 체계적으로 반복할 경우 지금까지 10진법으로만 표현되었던 모든 수를 완전히 표현할 수 있다. 그러나 우리의 관심을 끄는 것은, 이진법의 계산적 측면보다 신에 의한 세계의 '예정조화설'을 제안한 기독교 사상가 라이프니츠의 중국의 주역과 그의 이진법에 대한 철학적 해석이라고 할 수 있다. 그는 주역의 ━ 또는 1을 신(神)으로, ━ ━ 또는 0을 무(無)로 해석하여, 이 2개의 기호로 모든 수를 나타낼 수 있다는 것을

"신이 무에서 세계의 모든 존재를 창조하였다."

라고 하여 기독교의 창조설을 해석하였다. 즉, 수학적으로는 수의 표기법에 불과한 이진법이 라이프니츠의 철학에서는 절대적 존재인 신의 창조 언어로 간주되었다. 그에 의하면, 이 세계를 이진법의 보편언어로 번역할 수 있을 때에만 가시적 현실세계 저편에 있는 창조의 영상, 즉 완벽한 지식과 아름다움에 접근할 수 있다는 것이다.

우리의 직관을 당혹스럽게 만드는 것은, 라이프니츠가 수학사에 남긴 또 다른 업적인 미적분에 도입한 무한소 개념이다. 여기서 라이프니츠가 그와 동시대에 살았던 뉴턴의 미적분을 훔쳤다는 주장에 대한 역사적 논쟁을 돌아볼 필요는 없다. 왜냐하면, 현대의 학자들이 라이프니츠를 이미 미적분학의 공동 발견자로 인정하여, 라이프니츠에게 씌어진 표절의 누명을 벗겨주었기 때문이다. 라이프니츠가 도입한 무한소란 '모든 양수보다 작지만 0보다는 큰 양수'를 말한다. 우리는 미분의 정의에서 '0이 아니면서 0이기도 한 변량 Δx'를 사용한다. 이런 괴이한 무한소의 개념에 대해 철학자가 이의를 제기하지 않는다면 그것은 논리적 모순을 받아들인다는 것과 다름없다. 아니나 다를까, 영국의 철학자 버클리(Berkeley)는 이 무한소 개념을 사용한 수학자들을 '신앙심 없는 수학자'라고 통렬히 비판하였다.

한편, 라이프니츠와 뉴턴이 미적분학을 발견한 이후 무한소를 이용한 미적분은 수학을 사용하는 모든 과학과 공학에서 널리 사용되어 왔다. 이런 점에서 미적분은 많은 학문의 도구가 되었으며, 이공계나 경제학을 전공하는 학생이 미적분을 모르는 것은 망치나 톱과 같은 기본 연장 없이 목수 일을 하겠다는 것이나 다름없다. 따라서 무한소

개념에 내적 모순이 있든 없든, 필요하다면 인간은 반드시 사용한다. 그것은 러셀(Russell)에 의하여 집합론에 모순이 있음을 발견되었지만, 수학자 힐베르트(Hilbert)는 "어느 누구도 수학자를 집합이라는 파라다이스로부터 추방할 수는 없다"라고 말한 것과 동일한 맥락이다.

1684년경에, 라이프니츠는 카발리에리(Cavalieri, 1598~1647)의 방법을 따른 원자론에 '연속률'이라는 원리를 덧붙여 뉴턴의 극한 개념을 대신한 또 다른 미적분학을 세웠다. 그의 업적은 접선법과 구적법을 합리화하고 dx, dy 등의 기호를 사용하여 그들 사이의 사칙 규칙을 확립하였고, 적분기호는 $\int$ 로 나타내었다. 여기서, d는 차를 나타내며 $\int$ 은 S로서 합을 뜻한다. 그는 진정 수학 기호법의 마법사였다. 18세기 중에는 라이프니츠가 뉴턴의 미적분학을 표절한 것으로 알려져 있었다. 그로 인해, 영국학파와 유럽의 대륙학파가 분리될 정도로 격렬한 장기간의 논쟁이 있었다. 그는 미적분학의 발견 외에도 미정계수법을 도입하였고 최초로 행렬식을 사용하였다. 또한, 처음으로 '좌표'와 '좌표축', '함수'라는 말을 사용했고, 위상수학과 기호논리를 예언하였다.

미적분학에 관한 뉴턴과 라이프니츠의 업적은 다음의 관점에서 비교된다.

영국 사람은 걸으면서 생각하고, 독일 사람은 생각하고 난 다음에 걷는다는 속담이 있다. 미적분법이라는 똑같은 개념을 나타내는 데에, 영국 사람인 뉴턴과 독일 사람인 라이프니츠의 방법은 너무나 판이하였다. 뉴턴이 경험주의 입장에 있었다면, 라이프니츠는 형식주의 입장이었다. 즉, 뉴턴은 수학을 역학 연구의 수단으로 생각하여, 수학에서 다루는 양도 연속적인 운동을 주로 생각하였다. 가령, 선은 점의 운동이며, 면은 선의 운동이라 보았다. 이에 비해, 라이프니츠의 미적분학은 기하학적이며 기호적이었다. 그러나 이들 모두의 미적분학의 기초는 명확히 하지 못하였다. 라이프니츠는 '무한소'를 무시할 수 있는 충분히 작은 양이라 하였다. 뉴턴도 한때 이 말을 사용하였으나, 후에 아무리 작더라도 그 양을 무시할 수는 없다고 하면서 그가 대신 제시한 관념도 명확하지가 않았다. 이것이 극한으로 대치되어 엄밀한 논리로 전개된 것은 19세기 후반의 일이다.

레오나르도 다빈치와 라이프니츠

15세기 르네상스의 출발지인 플로렌스에서 활약한 레오나르도 다빈치(Leonardo da Vinci, 1452~1519)는 '모나리자', '최후의 만찬' 등을 그린 화가로서뿐만 아니라, 건축가, 도시설계, 기계설계, 무대의상, 수학, 철학, 해부학 등 다루지 않은 분야가 없을 정도로 다재다능한 천재였다. 약 200년이 지나 독일 라이프치히에서 태어난 라이프니츠 역시 철학, 수학, 물리학, 지리학, 생물학, 정보기술, 법률가, 어학, 중국학 등 수많은 분야에서 '처음으로 …을 했다'라는 평을 듣는 다빈치와 동일한 유형의 학자였다. 물론, 다빈치와 라이프니츠와 같은 천재들은 한 우물만 파지는 않았다. 그러나 이들은 어디를 파면 샘이 나올지를 직감과 영감으로 알아차렸다는 점에서, 말 그대로 샘솟는 아이디어를 주체하지 못한 사람들이다. 이들은 호기심을 좇아 방랑하는 지적 유목민이면서 또한 후원자를 찾아 이곳저곳을 돌아다녀야만 했다.

열여섯 번째 수학자 이야기

수학의 명문 베르누이 일가

지성과 고도의 지식이 요구되는 분야에서 몇 대에 걸쳐 가문의 전통을 이어간다는 것은 좀처럼 찾아보기 힘들다. 이러한 맥락에서 음악에 바하 가문, 정치에 케네디 가문이 있다면, 수학에서는 베르누이 가문을 손꼽을 수 있다. 세계적인 수학자가 한 가문에서 한 명 나오는 것도 힘든 일인데, 베르누이(Bernoulli) 가문은 약 100년 동안 세계적인 수학자만 8명을 배출한 집안으로 유전학자들의 관심이 되고 있다. '베르누이의 정리', '베르누이의 방정식', '베르누이의 시행', '베르누이의 수' 등은 구체적인 내용은 잘 모르더라도 한번쯤 들어본 적이 있음 직한 말이다. 실제, 베르누이 일족이 바젤대학의 수학교수 지위를 1세기 이상 차지했을 정도로, 베르누이 가문의 수학자들은 17세기 말부터 18세기까지 유럽의 수학계를 주름잡았다.

베르누이 가문의 기록은 야곱과 요한 베르누이 형제, 그리고 요한 베르누이의 아들 다니엘 베르누이로부터 시작한다. 이 책에서는 세 사람의 생애와 수학적 업적을 중심으로 살펴볼 것이다.

스위스 수학자인 야곱과 요한 베르누이 형제는 약사 집안에서 태어났으며, 라이프니츠의 영향을 받아 미적분법을 발전시켰다. 형 베르누이는 변분법이라는 새 계산법을 만들어 근대 수학에 크게 공헌하였다. 특히, 어떤 사건이 일어날 가능성을 계산하는 학문인 '확률론'을 정리하였다. 동생 베르누이는 네덜란드의 그로닝겐대학 교수를 역임하다가, 형 야곱이 사망 후에는 뒤에 바젤대학의 교수가 되었다. 미적분학, 미분방정식, 최소 강하선 등에 관한 많은 연구를 하였으며, 처음으로 중력의 가속도를 시그마로 나타내었다.

| 야곱 베르누이 |

| 요한 베르누이 |

먼저, 야곱 베르누이(Jakob Bernoulli, 1655~1705)에 대해 알아보자.

야곱 베르누이는 성직자가 되기 위해 신학을 공부하도록 강요받았으나, 아버지의 반대에도 불구하고 수학에 관심을 가졌다. 그는 베르누이 가문의 첫 번째 수학자로, 변분법의 첫 번째 원리를 도입하였다. 그는 여러 수학자들과 폭넓은 주제의 서신을 교환하였으며, 월리스, 배로, 데카르트는 물론, 미적분학으로 관심을 끌었던 라이프니츠 등의 수학적 업적을 통달한 뒤, 독자적인 연구를 시작하였다. 그는 하강곡선을 분석하면서 적분이라는 용어를 처음으로 사용하였다. 그리고 두 끝을 매단 줄이 중력을 받아 이루는 곡선인 현수선에 대한 1691년의 연구는 현수교 건설에 곧바로 적용되었다. 또한, 1695년에는 미적분학을 다리설계에 응용하기도 했다. 베르누이의 선구적 저작인 《추론의 예술》에는 순열과 조합의 이론, 베르누이 수, 근대 표본이론의 바탕이 된 베르누이 대수 법칙을 포함한 확률 문제 등 훌륭한 개념들이 포함되어 있다.

다음으로 요한 베르누이(Johann Bernoulli, 1667~1748)에 대해 알아보자. 그는 비록 질투심이 많고 심술궂기는 했지만, 그 시대에서 가장 성공한 수학자들 중 한 사람이었다. 새로운 미적분학을 곡선의 길이 측정, 미분방정식, 역학 문제에 응용하였으며, 수학의 발전에 형 베르누이보다 더 많은 기여를 하였다. 그는 문학을 공부하여 학위를 받은 뒤, 다시 의학을 공부해 1694년 바젤에서 근육수축에 대한 논문으로 박사학위를 받았다. 요한 베르누이 역시 아버지의 반대에도 불구하고 수학으로 전공을 바꾸었다. 1695년부터 1705년까지 그는 네덜란드 그로닝겐에서 수학을 가르치다가, 그의 형 야곱 베르누이가 죽자 바젤대학의 교수직을 맡게 되었다. 그는 물체가 일정한 속력으로 떨어지는 등시곡선의 길이와 넓이를 구하는 데에 미적분학을 응용하였고, 미분방정식론, 항해수학, 광학 등에도 많은 공헌을 하였다.

요한 베르누이는 해석학을 물리학에 응용하는 문제에 관심을 돌려 실체 진자를 다루었으며, 또 역학에서의 가상변위의 원리를 정식화하였고, 역학에서 에너지의 개념을 주장하여 라이프니츠를 옹호하였다. 후계자 육성에도 주력하였는데, 18세기의 위대한 수학자 오일러(Euler)도 그의 제자였다. 또한, 로피탈(L'Hôpital, 1661~1704)에게 0 : 0의 비율로 표현되는 극한 문제를 풀이하는 방법과 법칙을 알려주었는데, 이는 1696년 로피탈의 명저 《무한소의 해석》에 실렸으므로 부정형에 대한 '로피탈 법칙'으로 불리고 있다.

이들 베르누이 형제는 당대 최고의 수학자였던 라이프니츠와 서신을 교환하며 수학자로서 인정을 받았으며, 두 형제는 라이프니츠의 미적분학 발전에 많은 공을 세웠다. 이들은 종종 같은 문제를 연구하면서 갈등도 있었다고 한다. 가장 심한 논쟁으로는 입자가 중력에 의해서만 움직인다고 가정할 때, 가장 짧은 시간에 한 점에서 다른 점으로 움직이는 궤도의 방정식을 구하는 문제였다. 이 문제는 원래 갈릴레이가 연구했는데, 1697년 야곱 베르누이는 이 문제의 해를 구하면 상금을 주겠다고 제안하였다. 요한 베르누이는 굴러가는 바퀴 위의 한 점이 움직이는 경로인 사이클로이드를 해로 제시하고, 동시에 이 곡선과 밀도가 변하는 층을 통과하는 광선에 의한 경로와의 관계를 설명하였다. 이 해를 의심한 야곱 베르누이가 다른 해를 제시하면서 신랄한 논쟁이 일어났고, 이로 인해 새로운 수학분야인 변분법이 생겨났다. 한편, 그들은 1699년 파리 과학원의 첫 외국인 회원으로 형제가 모두 선정되었으며, 1701년에는 베를린 학술원의 회원이 되었다.

요한 베르누이는 니콜라스(Nicolas, 1695~1726), 다니엘(Daniel, 1700~1782)과 요한 2세(JohannⅡ, 1710~1790)의 세 아들을 두었는데, 모두 18세기 수학자와 과학자로서 명성을 떨쳤다. 수학분야에 두각을 드러냈던 니콜라스는 성 페테르부르크 학술원에 초빙되었다가, 불행하게도 8개월 후에 그곳에서 익사하였다. 곡선, 미분방정식, 확률론에 관한 논문을 발표하였는데, 그가 제안한 확률론에 대한 한 문제가 후에 '페테르부르크 역설'로 알려지게 되었다. 그 문제는 다음과 같다.

"A는 동전을 던졌을 때, 첫 번째에 앞면이 나오지 않으면 1페니, 두 번째까지 앞면이 나오지 않으면 2페니, 세 번째까지 앞면이 나오지 않으면 4페니 이렇게 계속하여 받기로 하였을 때 A의 기댓값은 얼마인가?"

수학적 이론에 의하면, A의 기댓값은 무한대인데, 이것은 역설적인 결과이다. 그 문제는 성 페테르부르크의 니콜라스 자리를 계승한 동생 다니엘이 연구하였다. 막내아들인 요한 2세는 법률을 공부하였으나, 인생 후반기에는 바젤대학의 수학교수로 재직하였으며, 그는 열과 빛의 수학적 이론에 관심이 많았다.

다음으로, 다니엘 베르누이의 업적에 대해 알아보자.

| 다니엘 베르누이 |

요한 베르누이의 둘째 아들인 그는 1725년 상트페테르부르크대학 교수로 재직하다가, 1733년 바젤대학 식물학, 해부학교수를 거쳐 1750년에는 물리학교수가 되었다. 그는 아버지가 사망하자, 파리 과학원의 외국인 회원이 되었다. 확률론 연구 등 수학 분야의 업적도 있지만, 물리학 분야에서의 공헌이 더 크다. 오르간 파이프의 공기진동, 탄성현, 탄성곡선 등에 대해 연구하였으며, 강체운동에서 병진운동과 회전운동의 분리의 중요성을 지적하였다. 특히, 에너지와 관련하여, 역학적 에너지 보존의 법칙을 보편화하였다. 그가 1738년에 저술한 유명한 저서《유체역학》에서는 '베르누이의 정리'를 논술하여, 유체역학의 정식화를 시도하였다.

다니엘 베르누이가 밝힌 유체에 대한 에너지 보존의 법칙은, "마찰에 의한 에너지 손실이 없다면, 유체가 가지고 있는 위치에너지, 운동에너지, 압력에너지의 합은 항상 일정하다."는 것이다. 베르누이 정리는 유압회로의 해석, 유량계의 원리, 비행기 날개가 양력을 발생하는 원리, 자동차의 공기저항을 최소화하기 위한 차체 모양 개발 등 다양한 분야에 적용된다.

그 밖에도 베르누이 가문에는 저명한 수학자들이 다수 있다. 야곱과 요한 베르누이의 조카 니콜라우스(Nicolaus, 1687~1759)는 갈릴레이가 있던 파두아대학의 수학교수로 잠시 있었으며, 기하학과 미분방정식에 관한 여러 논문을 발표하였다. 요한 베르누이 2세는 아버지와 같이 법률을 공부했으나, 수학으로 방향을 바꾼 아들 요한 3세를 두었다. 그는 19세에 베를린 학술원의 수학교수를 제의받았으며, 천문학, 순환소수 및 부정방정식에 관한 논문을 주로 썼다. 선대에 비해 상대적으로 활약이 적었던 베르누이가의 수학자로는, 요한 베르누이 2세의 다른 두 아들인 다니엘 2세와 야곱 2세, 다니엘 2세의 아들인 크리스토프, 그리고 크리스토프의 아들인 요한 구스타브 등이 있다.

베르누이 가문의 불화

야곱과 요한 베르누이 형제는 라이프니츠의 미적분학에 흥미를 갖고, '최단강하선 문제'에 대해 함께 연구하면서 불화와 논쟁이 생겼다고 한다. 이 문제를 풀면서 요한 베르누이가 야곱 베르누이의 식을 표절하면서 두 사람 사이에 불화가 생겼다고 한다. 이 논쟁은 4년이나 계속되었고, 결국 서로 화해하지 못하고 야곱 베르누이가 먼저 세상을 떠났다.

요한 베르누이와 다니엘 베르누이의 부자 간에도 다툼이 있었다. 내용인즉, 1738년 요한 베르누이는 그의 아들인 다니엘 베르누이와 함께 '유체역학'에 대한 연구를 거의 동시에 발표하게 되는데, 요한 베르누이가 유체역학에 대한 우선권을 얻기 위해 연구발표 일자를 앞당겨 고의로 조작했기 때문이라고 전해진다.

열일곱 번째 수학자 이야기

조선의 수학자 홍정하

(Hong, 1684년~?)

홍정하는 조선 숙종과 영조 때의 수학자로, 1684년 가문 대대로 수학을 전공하는 수학자 집안에서 태어나, 쉽게 수학 공부를 할 수 있었다. 홍정하는 산학 시험에 합격한 후, 본격적으로 수학자 생활을 시작하였다. 그가 저술한 《구일집》은 '문제, 답, 풀이'의 순으로 적혀 있고, 천(天,) 지(地), 인(人) 3책 9권으로 구성되어 있다. 이 책은 중국의 수학과 독립적으로 발전한 거의 유일한 수학 서적이다. 그는 조선에서 가장 탁월했던 수학자로 알려져 있으며, 《산학계몽》의 결과를 확장하여 18세기 초 방정식의 구성과 해법에 대하여 가장 앞선 결과들을 얻어내었다.

조선시대에는 주학이라는 시험이 있었는데, 이는 국가의 회계업무에 종사하던 전문직 하급 기술관인 산원을 선발하는 시험이었다. 이 시험을 과거 시험과 구분하기 위해 '취재'라 하고, 급제했다고 하는 대신 '합격' 또는 '입격'했다고 하였다. 조선시대에는 산원과 산학이 모두 호조에 소속되어 그 양성, 시험, 임용 및 근무가 모두 자체적으로 이루어졌다. 산원의 정원은 조선 초기에는 30명이었으나 중기 이후에는 60명으로 증원되었다. 그리고 산학의 생도 역시 조선 초기 15명에서 중기에는 61명으로 늘어났다. 산원에게 배정된 관직에는 최고 직급인 종6품 산학교수를 비롯하여, 무록관인 별제, 종7품 산사, 종8품 계사, 정9품 산학훈도와 종9품 회사 등이 있었다. 그 밖에도 여러 비정규직이 임명되고 있었다. 이러한 산원에 대해 《주학입격안》에는 15세기 말부터 1888년까지 취재 합격자는 1,626명으로 기록되어 있는데, 이들 중에서 산서를 저술한 사람은 홍정하, 경선징, 이상혁 세 사람뿐이다.

주학 취재에 합격한 사람들 가운데, 많은 사람들은 홍정하의 가계에 속해 있었다. 홍정하의 조부 홍서주와 그의 형 홍서구도 취재에 합격하였다. 홍정하의 부친 홍재원(1682년 입격)은 경선징의 조카 경연(1653년 입격)의 사위이고, 홍정하는 이극준(1674년 입격)의 사위이다. 또한, 이상혁의 부친 이병철(1799년 입격)은 홍정하의 조카 홍이록(1777년 입격)의 사위이고, 이상혁의 고조 이태윤(1716년 입격)은 홍정하와 동서이면서 홍정하의 백부 홍시원(1669년 입격)의 외손자이다. 따라서 경선징, 홍정하, 이상혁의 집안은 산학에 대한 많은 정보를 서로 공유하였을 것으로 추정된다.

홍정하는 1706년 취재에 입격한 후, 1718년 훈도(정9품), 1720년에 산학교수(종6품)가 된다. 《구일집》 9권인 《잡록》에는 1713년 중국 청나라의 수학자 하국주와의 수학문제 문답에 대한 기록이 있다. 당시 하국주는 청나라 사신으로 조선에 와 있었는데, 사력이라는 벼슬을 하고 있었다. 사력은 천문대의 관직으로, 하국주는 천문학과 역산에 밝았고 수학에도 뛰어난 수학자로 알려져 있었다. 홍정하는 하국주를 만나, 수학에 대한 대담을 하게 되는데, 당시, 말단 벼슬인 종9품 회사로 있던 홍정하가 하국주와 만날 수 있었던 것은 그의 수학 실력이 아주 뛰어났음을 의미한다. 수학에 대한 대담에서 홍정하는 《구일집》에서 논한 천원술을 이용하여 하국주가 제시한 문제를 쉽게 해결하였다.

천원술은 미지수가 하나인 일원방정식으로 표현되는 문제를 풀이하는 대수학에 해당한다. 천원이란 천지가 형성되기 이전의 상태로 만물의 근원을 뜻한다. 산학에서는 미지수를 원(元)이라 하는데, 미지수가 한 개인 경우를 천(天)이라 하였다. 그러나 요즈음 미지수로 흔히 사용하는 x, y와 같은 문자를 사용하지는 않았다. 천원술은 주로 대나무로 만든 산대를 이용하였으나, 종이에 써서 계산하기도 하였다. 당시 조선의 개성상인들은 중국 상인과 무역을 하면서 이 방법을 사용했다고 한다.

하국주가 출제한 첫 번째 문제는

> "360명이 한 사람마다 은 1냥 8전을 낸 합계는 얼마나 되겠소? 그리고 은 351냥이 있는데, 한 섬의 값이 1냥 5전이라면 몇 섬을 살 수 있겠소?"

라는 물음이었는데, 어릴 적부터 산학 문제를 풀면서 실력을 갈고 닦은 홍정하는

> "앞 문제의 답은 648냥이고, 다음 문제의 답은 234섬입니다."

라며, 쉽게 문제를 풀었다. 두 번째 문제로 하국주는 다음의 도형에 관한 문제를 냈다.

"제곱한 넓이가 225평방자일 때, 한 변의 길이는 얼마요?"

라고 묻자

"제곱해서 225인 수는 15가 되니까, 답은 15자입니다."

하고 쉽게 답하였다. 하국주는 마지막 세 번째 문제로

"크고 작은 2개의 정사각형이 있소. 두 정사각형의 넓이의 합은 468평방자이고, 큰 정사각형의 한 변은 작은 정사각형의 한 변보다 6자만큼 길지요. 두 정사각형의 각 변의 길이는 얼마가 되겠소?"

라고 물었는데, 이 문제도 홍정하와 유수석은 손쉽게 풀이하고

"큰 정사각형은 한 변이 18자이고, 작은 정삭형의 한 변의 길이는 12자입니다."

라고 답하였다. 하국주가 참패하자, 하국주 옆에 있던 중국 사신이 홍정하와 유수석도 하국주에게 문제를 내보라고 했고, 홍정하는 다음과 같은 문제를 냈다고 한다.

"여기에 공모양의 옥돌 덩어리가 있는데, 그 안에 정육면체의 옥이 내접하고 있소. 이 정육면체를 뺀 나머지 부분의 무게는 265근이오. 바깥 부분의 가장 두꺼운 부분의 두께가 4치 5푼이라면, 공 모양의 옥돌의 지름과 내접하는 정육면체 옥의 한 변의 길이는 각각 얼마입니까?"

이에, 하국주는 한참 생각하더니

"이 문제는 어려워서 바로 답을 낼 수 없으니, 내일 답을 말해주겠소."

라고 했지만, 결국 다음날까지도 답을 알아내지 못하였다. 그러자 홍정하는 정육면체의 한 변의 길이는 약 5치이고, 옥의 지름은 약 14치

라고 말한 후, 풀이 방법도 친절하게 설명해 주었다. 다음 그림을 참고하여, 독자들이 직접 답을 확인해보라.

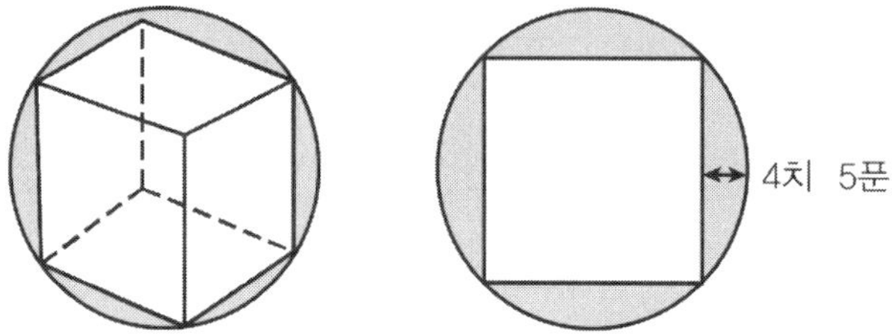

홍정하가 대나무로 만든 산대를 펴서 계산하고 있을 때, 신기하게 여긴 하국주가

"중국에는 산대와 같이 계산하는 도구가 없으니, 몇 개만 내게 주면 중국에 돌아가 자랑을 하리다."

라고 하면서 조선의 수학 실력을 극찬하였다고 한다.

이제, 홍정하의 《구일집》에 대해 좀 더 알아보자.

제1책(천)에는 이자 계산, 농지의 측량, 물건 판매, 골고루 나누어 갖기 등 비교적 간단한 연산, 비례, 분수 통분, 도형의 넓이와 부피, 수열 등의 문제를, 제2권(지)에는 연립방정식, 입체의 부피, 피타고라스 정리를 이용하는 문제, 삼각형의 활용문제 등을 다루고 있으며, 제3권(인)에는 원과 다각형의 넓이, 입체의 부피를 구하는 문제 등 천원술을 이용한 문제들이 수록되어 있다. 예로, 《구입집》에는 다음과 같은 문제가 실려 있다.

| **문제** | 빈 수레로는 하루에 60리를 가고, 짐을 가득 실었을 때는 하루에 40리를 간다고 한다. 곡식을 수레에 가득 싣고 창고에

가서 짐을 내리고 곧장 빈 수레로 돌아오기를 3일 동안 두 번 하였다면, 창고까지의 거리는 얼마나 되는가?

| 답 | 36리

| 풀이 | 홍정하는 이 문제의 풀이에서 빈 수레로 갈 때와 짐을 가득 싣고 갈 때의 거리 수를 곱하고 있는데, 이에 대한 이유를 적지 않고 있으나, 분수식을 통분하려는 의도로 보인다. 독자들이라면, 구하려는 거리를 x라 두고, 방정식을 세워 쉽게 풀이할 것이다. 즉, 짐을 가득 싣고 창고까지 가는 데에 걸리는 시간은 $\frac{x}{40}$일이고, 빈 수레로 돌아오는 데에 걸리는 시간은 $\frac{x}{60}$일이므로, 문제의 조건을 만족하는 방정식은

$$2\left(\frac{x}{40}+\frac{x}{60}\right)=3$$

이다. 따라서 이 식을 풀면, 창고까지의 거리는 36리임을 알 수 있다. 여기에서 짐을 싣거나 내리는 시간은 물론, 식사 시간 등에 대해 전혀 고려하지 않고 있다.

산학계몽

중국 송나라와 원나라 사이에 4명의 유명한 수학자가 있었는데, 주세걸은 그중 한 사람으로 원나라 초기에 양저우 등 여러 지역을 여행하면서 수학을 가르치며 생활하였다. 초보자의 입문을 목적으로 1299년 주세걸이 저술한 《산학계몽》은 상 · 중 · 하 3권으로 구성되어 있으며, 명나라 때 분실되었다고 한다. 우리나라에 이 책이 전해진 것은 세종 때로 초간본이 발간되어, 조선시대의 기본 산서로 사용되었다.

산대

산대는 수를 셈할 때 사용한 막대로, 중국 주나라 때 만들어진 것으로 알려져 있으며, 우리나라에는 삼국시대 때 들어왔다. 중국에서는 주판이 사용되면서 산대가 사라졌지만, 우리나라에서는 조선시대 말기까지 사용되었다. 조선의 수학자 최석정이 쓴 《구수략》에는 "고대에는 대나무로 산대를 만들었으며, 그 지름은 1푼, 길이는 6촌으로 정했다. … 지금의 산대는 단면이 원 모양이 아니고 세모꼴이다."라고 기록되어 있다. 산대의 모양이 세모꼴로 바뀐 것은 산대를 대나무가 아닌 보통의 나무로 만들기 때문이었으며, 이로 인해 산대를 산목 또는 산가지라고도 불린다.

3세기경에 쓰인 중국의 《손자산경》에는 다음 그림과 같이 산대로 수를 표현했다.

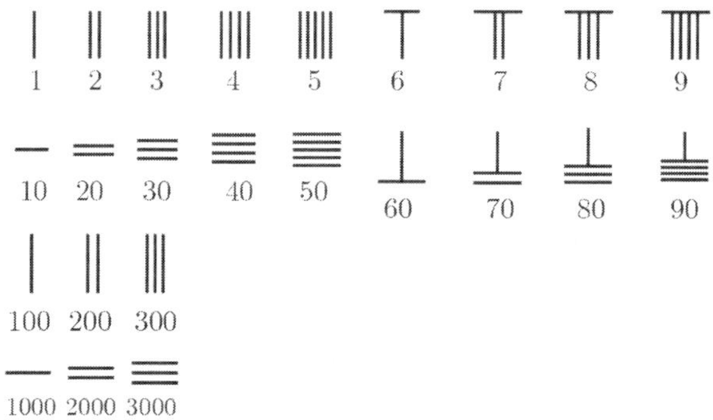

산대로 수를 나타낼 때는 일의 자리와 십의 자리 수를 혼동하지 않도록 세로, 가로로 구별하여 놓았으며, 그 윗자리도 계속적으로 세로와 가로로 번갈아 나열하였다. 또한, 6부터 9까지는 산대를 놓는 방법을 달리해서 알아보기 쉽도록 하였다. 산대에는 0을 나타내는 것은 없지만, 0에 해당하는 자리는 비워 두었으며, 음수는 산대 하나를 별도로 비스듬히 놓았다. 다음 그림은 왼

쪽부터 차례로 6,347, 8,602와 −6,347을 산대로 나타낸 것이다.

시력을 잃고도 수학을 연구한 오일러

(Leonhard Euler, 1707년~1783년)

오일러는 1707년 스위스 바젤에서 목사의 아들로 태어나, 14세 되던 해에 자신과 같이 목사가 되기를 원했던 아버지의 뜻에 따라 바젤대학에 입학하였다. 그는 기억력이 비상하여 기하를 제외한 다른 과목은 재빨리 공부하고, 나머지 시간에는 수학 공부만 했다고 한다. 1723년 바젤대학 철학과를 졸업한 후, 당시 스위스 수학을 주도하던 요한 베르누이에게 지도를 받았다. 20세의 청년 오일러는 1727년 프랑스 학술원이 개최한 논문 경연대회에서 2등상을 받게 되었다. 오일러가 제출한 논문은 돛대의 이상적인 위치를 결정하는 방법을 논한 것이었는데, 그때까지 그는 돛대나 배는 물론이고 바다도 본 적이 없었다고 한다.

18세기의 유럽 수학은 고대 수학이나 동양의 기발한 생각들을 훨씬 능가하였다. 미적분학이 천체역학 및 유체역학 등의 수학과 과학의 여러 분야를 연구하는 데에 강력한 도구로 활용되었다. 또한, 정수론에서도 중요한 발전이 이루어졌는데, 그중에서도 특히 복소수가 발견되고, 7 이상의 모든 홀수는 3개의 홀수인 소수의 합으로 나타낼 수 있다는 '약한 골드바흐(Goldbach, 1690~1764)의 추측'이 제안되었다.

오일러는 다니엘과 니콜라우스 베르누이 형제와도 친하게 지냈는데, 오일러가 수학자로서 명성을 얻게 된 것도 그들의 도움이 컸다고 한다. 그들은 러시아 여왕 캐서린 1세를 설득하여 당시 20세였던 오일러를 러시아 학술원에 초빙하도록 하였다. 그때 러시아 학술원에서는 천문학의 난제 하나를 제시하고 학자들로 하여금 답을 구하도록 하였는데 해결하는 사람이 아무도 없었다고 한다. 그런데 오일러는 자기만의 독창적인 방법을 사용하여, 단 사흘 만에 해답을 내 놓았다. 러시아 학술원에서의 생활은 처음부터 어려웠다고 한다. 각 교수는 2명의 학생만 데려올 수 있었는데, 그로 인해 20명의 교수와 40명의 학생으로 학술원을 시작하게 되었다. 학생이 적은 데다 자금도 부족하였는데, 게다가 오일러가 러시아에 도착하던 날에 캐서린 1세는 사망하였다.

1741년에 오일러는 다시 프리드리히 왕의 초빙으로 프로이센 왕국의 베를린으로 돌아왔다. 베를린 학술원을 부흥시켜 예술과 학문의 발전을 후원하던 프리드리히 왕은 학술원의 수학부장을 맡은 오일러에게 극진한 대접을 하였다. 학술원 원장이던 모페르튀가 사망하자, 오일러는 가장 유력한 원장 후보였으나, 프리드리히 왕은 수학자보다는 왕궁을 대변할 수 있는 다른 사람을 원장으로 초빙하고자 하였다.

오일러는 베를린과 러시아 학술원에서 대부분의 시간을 보내며 어마어마한 분량의 논문과 책, 편지, 서신, 실용적인 프로젝트를 만들어 내기 위해 열정적으로 연구에 매진하였다. 젊었던 그는 기대에 부응하기 위해서라도 무리한 작업을 계속 떠맡아야 했고, 그러다가 지도 작성에 열중하던 1738년 러시아 학술원에서 그만 오른쪽 눈의 시력을 잃고 말았다. 오일러는 한쪽 눈의 시력을 잃고 다음과 같이 말했다고 한다.

"이제, 나의 눈을 흩트리게 할 것이 줄어들었다."

시력을 잃은 슬픔에 빠지는 대신, 눈이 한쪽밖에 없어 좀 더 주의를 집중하기 쉬워졌다고 했던 것이다.

오일러로서는 한쪽 눈의 시력을 잃은 러시아로 다시 돌아가고 싶지 않았겠지만, 러시아의 여왕 캐서린 2세의 집요한 권유와 베를린 학술원에서 그를 싫어하는 사람들과의 불화로, 1766년에 자신의 후임으로 라그랑주를 추천한 뒤 다시 러시아로 되돌아간다. 그동안에도 오일러는 러시아 학술원과 원만한 관계를 유지해 왔으며, 러시아 잡지에 논문을 보내기도 하였다. 따라서 프러시아에서의 낮은 신분과는 대조적으로 러시아 사람들에게는 존경을 받아왔다. 러시아 사람들이 오일러를 얼마나 존경하였는지를 보여주는 다음과 같은 일화가 있다.

러시아군이 베를린의 한 농장을 점령하였을 때, 농장이 오일러의 소유인 것이 알려지자, 부대의 대장은 농장에 입힌 손해를 배상하도록 조치하고, 당시 황제이던 엘리자베스 1세는 별도로 하사금을 전달하였다. 아울러, 오일러의 후손들은 19세기 러시아에서 중요한 직책을 차지하였다.

그런데 그에게 또다시 불운이 닥치고 말았다. 러시아의 혹한에 나머지 한쪽 눈의 시력마저 잃게 된 것이다. 그러나 오일러의 위대함은 그런 상황에서 오히려 더 빛을 발했다. 그는 두 눈이 보이지 않는 최악의 조건에서도 머릿속에 든 지식과 기억만으로 수학 연구를 계속하였던 것이다. 자신이 말하는 것을 서기가 받아적도록 하는 등 열의를 이어간 끝에 새로운 저술을 내놓기도 했다. 게다가 집에 화재가 나서 그동안 축적한 모든 연구 자료와 책이 모두 잿더미가 되는 일까지 겪었지만, 그의 열정은 그칠 줄 몰랐다. 오히려 화재가 난 이후에도 이전에 출판한 책을 보완하여 새로 출판하기도 하였다.

네덜란드의 수학사학자인 스트루이크는 오일러를 '18세기의 가장 생산적인 수학자'라고 말했다. 1775년 오일러는 매주 한 편 정도의 수학 논문을 썼으며, 1783년에 사망하기 전까지 886편의 저작물을 출판하였다. 실제로, 18세기에 출판된 모든 수학과 과학 서적들 중의 약 25%는 오일러가 쓴 것으로 추정하고 있다.

오일러의 또 다른 위대한 업적 중의 하나는 수학기호를 체계화한 것이다. 오늘날에도 자주 사용하는 다음의 수학기호들은 오일러가 발명하였거나 널리 보급한 것이다.

- 기호 e를 자연로그의 밑으로 사용한다.
- 제곱해서 -1이 되는 허수는 기호 i로 나타낸다.
- 함수를 나타낼 때는 기호 $f(x)$를 사용한다.
- 수열의 합은 그리스 문자 Σ(시그마)를 사용한다.
- 원주율의 기호로 그리스 문자 π를 사용한다.
- 삼각함수 sine, cosine, tangent는 줄여 $\sin$, $\cos$, $\tan$로 나타낸다.
- 대수학에서 상수는 보통 a, b, c, ...로, 미지수는 x, y, z, ...로 나타낸다.

원주율을 π로 처음 사용한 수학자는 1706년 영국의 존스이었지만, 1737년 오일러가 π를 사용하면서부터 원주율을 나타내는 표준기호가 되었다. 원주율은 수학, 특히 기하학에서 다양하게 사용되고 있다. 예를 들면, 반지름이 r인 원의 원둘레 l은 $l = 2\pi r$이고, 넓이 S는 $S = \pi r^2$이다. 또한, 반지름이 r인 구면의 겉넓이는 $4\pi r^2$이며 부피는 $(4/3)\pi r^3$으로 주어진다. 3월 14일은 화이트 데이이자 아인슈타인의 생일이며, π의 날이기도 하다.

그래프 이론에서 오일러 경로는 주어진 그래프의 모든 변을 한 번씩만 통과하는 경로를 뜻한다. 이는 1736년, 오일러가 쾨니히스베르크의 다리 문제를 풀이한 것에서 유래되었으며, 한붓그리기 문제라고도 한다. 오일러는 이 문제의 증명을 통해 위상수학의 토대를 마련하였다. 한붓그리기는 일상생활에서 숫자 8을 쓰거나 별 모양을 그릴 때 등에서 그 사례를 찾아볼 수 있다.

이제, 쾨니히스베르크 다리 건너기 문제를 살펴보자. 쾨니히스베르크에는 다음의 왼쪽 그림과 같이 강이 흐르고, 이 강의 흐름에 의해 도시는 A, B, C, D의 4지역으로 나뉘어 있다. 이때, 어느 다리도 두

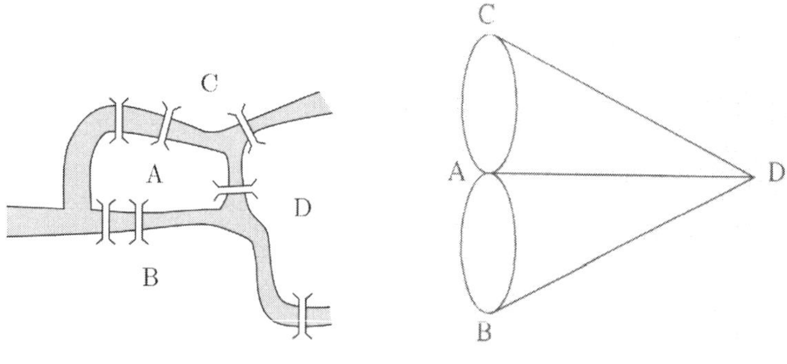

번은 건너지 않으면서, 한 번에 다리를 모두 건널 수 있겠는가? 쾨니히스베르크 다리는 앞의 오른쪽 그림과 같이 한붓그리기 문제로 옮길 수 있다.

그림에서 A, B, C, D 각 지역에 설치된 다리의 개수를 세어보면 5, 3, 3, 3개로 홀수 점이 4개 있으므로, 한붓그리기는 불가능하다. 왜냐하면, 오일러는 홀수 점(모이는 선의 개수가 홀수인 점)이 없거나 2개인 경우에만 한붓그리기가 가능하다고 증명하였기 때문이다. 만약 모든 다리를 건너서 원래의 위치로 돌아오려면, A와 B, 또는 C와 D를 연결하는 다리를 새로 건설해야 할 것이다.

18세기 프랑스의 위대한 수학자 라플라스(Laplace)는 제자들에게 "오일러를 읽어라! 오일러를 읽어라! 그는 모든 방면에서 우리의 지도자다."라고 강조하였다. 오일러는 수많은 수학적 발견 중에서도 자신의 이름을 붙인 오일러의 수와 오일러의 등식으로 잘 알려져 있다. 오일러의 수는 무리수 e에 붙여진 이름으로 오일러가 'exponential(지수)'의 첫 글자를 따서 기호로 나타내기 시작한 것으로 추정하고 있다. 오일러 수 e는 수열 $\left\{\left(1+\frac{1}{n}\right)^n\right\}$의 극한을 의미한다. 즉, e는

$$e = \lim_{n \to \infty}\left(1+\frac{1}{n}\right)^n = 2.7182818284\cdots$$

인 무리수이다. 이 수는 실제로 인구의 증가, 종양 및 세포의 증식, 방사성 붕괴와 복리 계산 등 곳곳에서 찾아볼 수 있으며, 자연로그의 밑이기도 하다. 즉, 상용로그는 밑을 10으로 사용하지만, 자연로그는 밑을 e로 하는 로그이다. 자연로그는 다음과 같이 나타낸다.

$$\log_e a = \ln a \quad (a > 0,\ a \neq 1)$$

오일러는 수학의 서로 다른 분야의 여러 개념과 수들 사이의 유의미한 관계들을 발견하고, 이들에 대한 기록을 남겼는데, 그중에서도 오일러 등식은 유명하다. 오일러 등식은 방정식

$$e^{i\pi} = -1$$

을 뜻하는데, 이 식에는 오일러의 수와 지수, 음수, 허수 및 원주율 π를 결합하여 만든 것으로, 수학자들 사이에서 가장 위대하고, 가장 아름다운 식으로 찬사를 받고 있다.

2006년 독일 월드컵에서 공인 공으로 지정된 '팀가이스트'는 기존의 축구공들과는 달리 '오일러의 공식'을 만족시키지 않는다고 하여 화제가 되었다. 오일러의 공식은 다면체에서

$$\text{꼭짓점의 수}(v) - \text{모서리의 수}(e) + \text{면의 수}(f) = 2$$

가 항상 성립함을 의미한다. 예를 들어, 정삼각형 4개로 이루어진 정사면체는

$$v - e + f = 4 - 6 + 4 = 2$$

이고, 정육면체는 $8 - 12 + 6 = 2$이므로 오일러의 공식을 만족시킨다. 또한, 기존의 축구공은 정육각형 조각 20개와 정오각형 조각 12개를 이어 붙여 만든 32면체이므로

$$v - e + f = 60 - 90 + 32 = 2$$

가 되어 역시 오일러 공식에 부합된다. 이 오일러 공식의 내용은 옳았으나 증명에 잘못된 부분이 있어, 그 후의 수학자들이 바로 잡았다.

팀가이스트는 이전의 축구공과는 달리 14개의 조각으로 만들어졌으며, 각 조각의 모양도 기하학적으로 단순한 다각형 모양이 아니라, 월드컵 트로피를 둥글게 단순화한 모양의 조각 6개와 삼각 부메랑 모양의 조각 8개로 구면을 이루고 있다. 축구공을 이렇게 만든 이유는 이음매가 적을수록 공의 반응성이 좋아지기 때문이다. 다시 말해서 팀가이스트는 조각들이 모인 접합 점의 수와 조각들 사이의 이음매 수를 최대한 줄여 정확성을 높인 것이다.

일설에 따르면, 오일러는 76세이던 1783년에 손자와 놀면서 천왕성의 궤도를 계산하다가 "나는 죽는다."라는 한 마디를 남기고 이 세상을 떠났다고 한다. 마치 보통 사람들이 숨 쉬듯이, 새가 하늘을 날듯이 일상적으로 수학 연구에 몰두한 오일러의 열정과 집념은 우리에게 훌륭한 귀감이 아닐 수 없다.

한붓그리기

한붓그리기 문제는 "선분 또는 곡선들을 이어 만든 도형에서, 도형을 이루는 선 위의 한 점을 출발하여 펜을 종이에서 떼지 않고 도형 전체를 한꺼번에 그릴 수 있느냐?" 하는 문제이다. 여기서, 펜이 한 번 지나간 부분(한 점만 지나는 것은 허용)은 다시 지날 수 없다는 조건이 전제되어 있다.

오일러는 홀수 점이 없거나 2개인 경우에만 한붓그리기가 가능하다는 것을 증명해 보였다. 왜냐하면, 한붓그리기에서 홀수 점은 선의 시작과 끝이고 짝수 점은 지나는 선이기 때문이다. 다음 그림 중에서 홀수 점의 개수를 알아보고 한붓그리기가 가능한 것은 어느 것인지 찾아보아라.

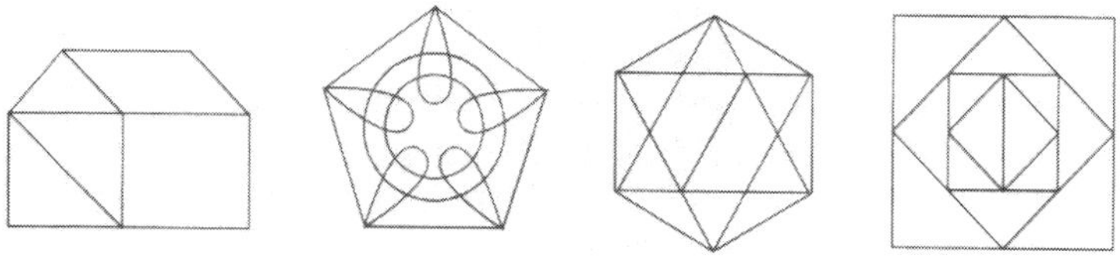

열아홉 번째 수학자 이야기

최적화 문제를 풀이한 라그랑주

(Joseph Louis Lagrange, 1736년~1813년)

라그랑주는 프랑스의 수학자 및 천문학자로, 이탈리아 토리노에서 태어났다. 라그랑주의 증조부는 프랑스인이었고 부모는 이탈리아인이었다. 그의 아버지는 사르데냐 왕국의 군자금 관리를 맡고 있었으므로 좋은 사회적 지위와 부를 누렸다. 그러나 라그랑주가 어렸을 때, 그의 아버지가 투기를 하여 대부분의 재산을 잃은 다음부터는, 11명의 남매 중에서 막내인 라그랑주는 매우 가난하게 살았다. 후에, 라그랑주는 '그때의 가난이 아니었다면 수학을 직업으로 삼지 않았을 것'이라고 회고하였다.

라그랑주는 1766년 베를린으로 떠나기 전까지 가족들과 함께 살았다. 처음에 라그랑주의 아버지는 그가 법학을 공부하기를 원했다. 라그랑주는 토리노대학에 다니고 있었는데, 17세가 되던 해, 우연히 발견한 에드먼드 핼리의 논문을 읽고 수학에 흥미를 느꼈다. 라그랑주는 누구의 도움도 받지 못하는 환경에서 독학으로 수학을 공부하였으며, 끊임없는 노력을 통해 결국 완성된 수학자가 되었다.

라그랑주는 토리노 왕립 군관학교에서 수학교관을 지냈으며, 1766년 프리드리히 2세의 초청을 받아 오일러의 뒤를 이어 베를린 학사원 수학부장이 되었다. 그 후, 1787년 루이 14세의 초청으로 귀국하여 프랑스 학술원 회원이 되었다가, 프랑스 대혁명 후 1792년 신도량형법 제정위원장, 육군사관학교인 에콜 밀리테르의 교수를 거쳐, 파리 이공대학 초대학장이 되었다. 그 후, 나폴레옹 1세 때에는 상원의원이 되고 백작 작위를 받았다. 사망 후, 팡테옹에 묻혔으며 그의 이름은 에펠탑에 새겨진 72명 중 한 사람으로 남아 있다.

라그랑주는 범함수의 극값에 대한 오일러-라그랑주 방정식을 유도함으로써 변분법의 창시자 중 한 사람이 되었으며, 이 방법을 확장하여 제한 조건들을 고려한 라그랑주 승수법에 도달하였다. 그리고 순수 및 응용수학의 양 분야에 걸쳐 해석적 방법을 발전시켰으며, 정수론, 미분방정식론, 타원함수론 등에 관한 연구와 역학 및 천문학에도 많은 공을 세웠다. 저서로는 《해석역학》, 《미분학의 원리를 포함하는 수론》 등이 있다. 라그랑주의 미정계수법은 그의 이름을 딴 것이며, 응용수학 분야에서는 달의 칭동 및 달이 지구에 대해 항상 같은 면을 향하고 있는 이유에 대한 논문을 발표하여, 1764년 프랑스 과학원에서 대수학상을 받기도 하였다. 일반화 좌표를 도입하여 일반 역학을 확립한 것은 특히 유명하다. 또한, 현의 진동 문제의 완전해를 구하여, 음의 전파를 파동방정식으로부터 이론적으로 연구하였다. 라그랑주의 콤마, 라그랑주의 함수, 라그랑주의 괄호식, 라그랑주의 운동방정식, 유체 역학에서의 라그랑주의 방법 등 모두 그의 이름을 딴 것들이다. 그리고 1779년에는 수학적 해석 방법을 지도학에 응용하였다.

라그랑주의 네 제곱수 정리는 정수론에 관한 정리로, 디오판토스의 《산술》에 처음으로 그 내용이 기록돼 있다. 프랑스의 바셰가 1621년이 책을 라틴어로 번역하여 그 내용이 유럽 수학계에 알려졌지만, 이에 대한 제대로 된 증명은 없었다. 라그랑주는 이를 오일러의 네 제곱수 항등식을 이용하여 1770년에 증명하였는데, 이 정리의 내용은 다음과 같다.

"모든 자연수는 4개의 정수 제곱수의 합으로 표현할 수 있다."

한편, 오일러의 네 제곱수 항등식은

$$\begin{aligned}(a_1^2 + a_2^2 + a_3^2 + a_4^2)(b_1^2 + b_2^2 + b_3^2 + b_4^2) \\ = (a_1b_1 - a_2b_2 - a_3b_3 - a_4b_4)^2 + (a_1b_2 + a_2b_1 + a_3b_4 - a_4b_3)^2 \\ + (a_1b_3 - a_2b_4 + a_3b_1 + a_4b_2)^2 + (a_1b_4 + a_2b_3 - a_3b_2 + a_4b_1)^2\end{aligned}$$

을 말하는데, 이는 브라마굽타-피보나치 항등식인

$$(a_1^2 + a_2^2)(b_1^2 + b_2^2) = (a_1b_1 - a_2b_2)^2 + (a_1b_2 + a_2b_1)^2$$

을 일반화한 결과이다. 보다 일반화된 형태로는 데겐의 여덟 제곱수 항등식이 있다.

라그랑주는 1756년과 1765년 두 번에 걸쳐, 베를린 학사원에서 같이 일할 것을 제안받았다. 그러나 라그랑주는 두 제안을 모두 거절했으며, 1765년에는 다음과 같이 답했다고 한다.

"오일러가 있는 한 베를린은 나에게 전혀 맞지 않아 보입니다."

1766년 오일러가 베를린을 떠나 상트페테르부르크로 가자, 프리드리

히 2세는 라그랑주에게

> "유럽에서 가장 위대한 왕이 유럽에서 가장 위대한 수학자를 그의 왕궁으로 모시기를 바란다."

는 편지를 보냈다. 라그랑주는 마침내 설득되어, 이후 20년을 프로이센에서 생활하게 된다. 프로이센은 베를린과 토리노에서 출판한 수많은 논문을 작성한 곳일 뿐만 아니라, 기념비적인 작품인 라그랑주 역학을 만든 곳이다.

프리드리히 2세는 라그랑주와 완벽히 규칙적인 삶의 장점에 대해 종종 토론하고는 하였으며, 라그랑주는 프리드리히 왕의 총애를 받았다. 그 후부터 라그랑주는 마음과 몸을 기계처럼 생각하였으며, 실험을 통해 그가 죽지 않고 해낼 수 있는 일의 양을 계산하기도 하였다. 매일 저녁, 다음날 해야 할 일들을 정했으며, 그가 쓴 모든 결과에 대해 간단한 해석을 붙여 증명법이나 문제에 대해 개선할 점이 없는지 확인하는 것으로 하루를 마무리하였다. 라그랑주는 논문을 작성하기 이전에 그 주제들에 대해 깊이 생각했으며, 글을 쓸 때에는 하나도 고치지 않고 곧장 써내려갔다고 한다. 뉴턴은 자신이 미적분학을 발견하였음에도, 역학에는 그 이론을 거의 사용하지 않고 기하학적인 방법에 많이 사용하였다. 반면에, 라그랑주는 철저하게 해석적인 방법을 지켜 나갔다. 그는 뉴턴 못지않게 일반적인 원리를 찾아내는 타고난 재능이 있었으며, 우수한 직관력으로 추상적인 이론들을 발전시켰다.

라그랑주는 프랑스 혁명에서 테러의 잔혹함에 혐오감을 갖게 되었다. 당시 위대한 화학자 라부아지에가 사형당하기 위해 단두대로 끌려갔을 때, 분개하여 다음과 같이 말했다고 한다.

> "폭도가 그의 머리를 자르는 것은 한 순간이지만, 그것을 복원하기에는 1세기도 충분하지 않을 것이다."

라그랑주는 말년에 고독과 절망감에 많이 시달렸다. 그가 56세가 되던 해, 그보다 거의 40살이나 어린 소녀를 만나 사귀게 된다. 그녀는 그의 친구인 천문학자 레모니에의 딸이었는데, 라그랑주의 불행을 자주 접하게 되었던 터라 결혼할 것을 고집하였다. 결혼 후, 그녀는 라그랑주에게 매우 헌신적인 친구이면서, 살고 싶은 욕망을 일깨워준 아내가 되었다고 한다.

오일러는 직관을 자유로이 사용하여 논문을 상세하게 쓴 반면, 라그랑주는 엄밀하게 하려고 노력하면서 되도록 간결하게 표현하였다. 라그랑주는

> "수학자는 거리에 나가서 그가 마주친 첫 번째 사람에게 논문의 내용을 효과적으로 설명할 수 있을 만큼 명백히 해야만 비로소 그 논문을 완전히 이해했다고 할 수 있다."

고 말했다고 한다. 이러한 이상적인 생각은 불가능해 보이지만, 대부분 시간이 해결해준다. 예를 들어, 뉴턴의 만유인력 법칙도 처음에는 대부분의 사람들이 이해하기 어려운 내용이었으나, 오늘날에는 상식이 되었다.

라그랑주 승수법

라그랑주 승수법이란, 조건부 함수의 최대화 또는 최소화 문제에 대한 풀이 방법의 일종이다. 예로, $g(x, y)=0$ 이라는 제약조건 아래서 목적함수 $z=f(x, y)$ 를 최대 또는 최소로 하는 x, y 의 값을 구하기 위하여, 라그랑주 승수 λ를 도입하여 라그랑주 함수 $L(x, y)=f(x, y)+\lambda g(x, y)$ 를 생각하고, 다음 3개의 방정식

$$\frac{\partial L}{\partial x}=0, \quad \frac{\partial L}{\partial y}=0, \quad g(x, y)=0$$

을 만족하는 x, y, λ 의 값을 구하는 방법이다.

도깨비를 상상한 라플라스

(Pierre Simon Laplace, 1749년~1827년)

라플라스는 1749년, 프랑스 노르망디 칼바도스 지역의 농가에서 태어났다. 어려서부터 수학에 뛰어났다. 그는 베네딕투스 수도회에서 운영하는 캉대학에서 1766년부터 1768년까지 가정교사로 생활비를 마련하면서 공부하였는데, 자신의 수학적 재능을 발견한 것이 바로 이때였다. 라플라스는 학위를 받지 않았으나, 담당교수의 추천서를 들고 달랑베르(d'Alembert, 1717~1783)를 만나러 파리로 가게 되는데, 달랑베르는 그의 능력에 탄복하여 육군사관학교인 에콜 밀리테르의 수학교수로 추천하였다. 라플라스는 1769년부터 1776년까지 있으면서, 수학 논문들을 꾸준히 발표하여 명성을 쌓았고, 1773년에는 학술원 회원으로 선출되었다. 나폴레옹 1세로부터 백작 작위를 받고 잠시 내무장관을 지냈으며, 왕정복고 시기에는 후작의 지위를 받았으나 정치가로서는 크게 성공하지는 못하였다.

그러나 라플라스의 학문적 능력은 비범하여, 프랑스의 뉴턴이라고까지 불리었다. 특히 해석학에 뛰어나, 천체역학이나 확률론 분야에 적용하여 많은 성과를 얻었다. 그의 명저 《천체역학》 5권은 뉴턴 이후의 천체역학을 집대성한 것으로, 태양 등 천체에 관련된 많은 현상에 대해 설명하고 있다. 특히, 섭동론은 천왕성 운행의 이론적 계산값의 차이를 이용하여, 해왕성의 크기와 위치를 예언하였다. 또한, 해와 지구와 달의 움직임을 한꺼번에 조사하여, 태양계는 맴을 돌고 있는 커다란 성운의 한쪽에 자리하고 있다는 성운설을 완성하였다.

라플라스는 특히 확률론에 관심이 많았는데, 그가 행성들의 궤도와 지구에 대한 달 궤도의 구체적 성질 등을 연구하게 된 것은 이런 수학적 관심을 통해서였다.

"그 궤도들이 현재의 성질을 갖게 된 데는 어떤 물리적 요인이 작용한 것일까?"

라는 의문을 가진 라플라스는 1776년 혜성의 성질과 궤도에 대해 연구하였다. 모든 행성들은 같은 방향으로, 같은 황도면 위에서 태양의 둘레를 돌고 있다. 이는 모든 행성들이 동일한 물리적 과정을 통해 함께 형성되었다는 것을 암시한다. 그러나 적어도 그때까지 알려졌던 12개의 작은 혜성들의 궤도를 관찰하였을 때, 혜성들은 제각각 태양의 둘레를 돌고 있었다. 이는 혜성들이 다른 기원을 지니고 있음을 암시한다고 할 수 있는데, 라플라스 이전 수학자들은 이미 그런 결론을 내리고 있었다. 그러나 수학자로서 라플라스는 그 결론보다는 어떻게 그런 결론에 이르게 되었는지에 관심을 가졌고, 혜성들이 황도면 위에서 움직이도록 유도하는 어떤 힘들이 존재했을 가능성이 매우 희박하다는 것을 확률적으로 보여주는 정교한 분석법을 개발하였다.

1770년대 중반, 라플라스는 처음으로 목성과 토성의 움직임에 주목하였다. 목성과 토성의 궤도는 장기적으로 뉴턴의 중력이론의 예측에 잘 들어맞지 않는 약간의 변동을 보였고, 뉴턴도 오랜 시간 후에는, 태양계의 분해를 막기 위해서는 행성들을 적절한 궤도로 되돌려 놓는 신의 개입이 필요하다고 주장한 바 있었다. 이 수수께끼를 풀기 위한 라플라스의 첫 번째 시도는 실패로 끝났지만, 1780년대, 라플라스는 변동이 일어나는 이유를 두 행성이 서로 교란을 일으키기 때문이라는 사실을 명확하게 보여주었다. 그 변동의 주기는 929년으로, 한 주기마다 모든 것이 처음 상태로 되돌려져 태양계는 결국 안정을 되찾는다고 하였다. 일설에 따르면, 나폴레옹이 그에게

"세속적 변동에 대한 논의에서 왜 신이 등장하지 않느냐?"

라고 묻자, 그는

"나에게는 그런 가설이 필요하지 않습니다."

라고 대답했다고 한다.

라플라스는 지구 둘레를 돌고 있는 달의 궤도에서 발생하는 비슷한 변화들에 대한 해묵은 수수께끼도 해결했다. 태양과 지구-달 체계 사이의 복잡한 상호작용과 지구의 궤도에 대한 행성들의 중력 영향력에 따른 결과라는 것이 그의 결론이었다. 1788년, 라플라스는 다음과 같이 말했다고 한다.

"세계(여기서는 태양계를 의미함)의 체계는 매우 작은 변화를 제외하고는 결코 벗어날 수 없는 평균상태의 일정한 틀 안에서 움직일 뿐이다. 그 구조와 중력의 법칙 덕분으로 체계는 외부의 요소에 의한 파괴가 아니라면 안정적인 상태에 계속 머물 수 있고, 그런 움직임이 가장 오래 전

에 관찰되었던 때부터 현재 우리의 시간까지 탐지될 수 없었음은 분명한 사실이다."

라플라스는 조류에 대해서도 관심을 보여 매일 두 차례의 조수가 대략 같은 높이에 도달하는 이유를 설명하였다. 또한, 출산 통계 수치에서 프랑스 전체 인구를 추정하는 것과 같은 실용적 문제들을 다루는 확률에 대한 개념을 개발했고, 당시 최고의 명성을 누리던 라부아지에와 함께 열에 관한 연구를 하였다. 두 사람은 실험 결과를 두고, 오래된 열소 모형과 새로운 열운동이론의 관점에서 서로 논의했다. 그 결과 신중을 기해 어느 하나를 선택하는 것을 피하면서, 둘 다 동시에 적용될 수 있다고 제안했다. 이는 1780년대 화학이 어떤 상황이었는지를 보여주는 단면이라 할 것이다.

라플라스는 1827년, 파리에서 세상을 떠났는데, 생전에 이룩한 수많은 업적 중에서도 《우주체계 해설》은 가장 중요한 성과로 남아 있다. 1798년, 뉴저지대학(현재 프린스턴대학)에 이 책을 기증한 사람은 책 속에 다음과 같이 적었다.

"그 대상과 범위를 고려했을 때, 이 책은 명료성, 체계성, 정확성을 두루 갖추고 있다. 애매하지 않고 친숙하다. 난해하지 않고 정확하다. 그 내용은 저자의 정신 속에 쌓여 있는 거대한 축적에서 흘러나온 것 같다. 그리고 그 내용에는 참된 철학 정신이 스며 있다."

라플라스의 도깨비는 라플라스가 상상한 가상의 존재이다. 1814년에 발행된 그의 수필 〈대략적인 혹은 과학적인 결정론의 표현〉에는

"우주에 있는 모든 원자의 정확한 위치와 운동량을 알고 있는 존재가 있다면, 이것은 뉴턴의 운동 법칙을 이용하여, 과거, 현재의 모든 현상을

설명해주고 미래까지 예언할 수 있다."

는 말이 나온다. 다시 말해, 라플라스의 도깨비는 '현재에 대해 모든 것을 알고, 그것을 통해 미래를 유추하는 존재', 즉 초지식의 존재이다. 후기의 전기 작가들이 이러한 능력을 지닌 초지식의 존재를 일컬어 도깨비라는 이름을 지어 주었고, 우리나라에서는 '라플라스의 악마'라고도 불린다. 아마도 라플라스는 신의 존재를 믿고 싶지 않았는지 모른다. 그러나 이 개념이 실현되기 위해서는 현실적으로 불가능한 엄청난 양의 정보가 필요하고, 그 수많은 정보가 보관될 만한 곳이 없다는 등의 이유로 발표되는 즉시 비판을 받았다. 라플라스의 이 견해에 대해 지금도 몇몇의 수학자들은 과거와 현재는 항상 정확하게 같은 양의 지식과 정보를 가지고 있다고 생각한다. 이것은 정보를 자연의 상수로 만들고, 정보는 질량과 에너지 보존과 같이 보존되는 하나의 양이라고 보는 것이다.

1927년 베르너 하이젠베르크는 우리가 지금 '불확정성의 원리'라고 일컫는 물리법칙을 발견하였다. 이는 한 물체에 대해서 위치와 운동량을 동시에 정확하게 아는 것은 불가능하다는 원리인데, 이 원리로 인해 자연에는 우리가 넘을 수 없는 측정의 한계가 있으며 그것은 기술이나 방법상의 문제가 아니라 자연의 본질임이 밝혀졌다. 이로 인해, 라플라스의 도깨비라는 개념은 고전물리와 함께 폐기되는 것 같아 보였다. 그러나 최근에 우주의 계산 능력의 한계가 제안되었다. 그 한계 값 이상의 많은 데이터의 양을 가지고 있는 모든 물체는 지금까지 우주에서 흐른 시간을 모두 소요한다 하더라도 정확히 계산될 수 없다고 본다. 하지만, 라플라스의 도깨비가 평행우주나 다른 차원에 머무르면서 그곳에서 나타난 데이터를 알고 필요한 계산을 할 수 있다면, 시간에 대한 제한은 무의미할 것이라는 다른 이론도 있다. 이처럼 라플라스의 도깨비와 결정론은 학계에서는 아직도 의견이 분분한 주제이다.

라플라스는 수학 연구를 처음 시작하는 사람들에게 매우 관대하였다고 한다. 그는 초심자들을 양아들이라 불렀으며, 초심자가 발견한 내용을 먼저 발표할 수 있도록 자신은 발표를 자제하였다고 한다. 수학에서 이런 관대함은 드문 경우이다. 한편, 나폴레옹이 육군사관학교인 에콜 밀리테르 입학시험에 응시할 당시, 라프라스는 사관학교 교수로 재직하고 있었다. 정치적 야심이 상당히 있었던 라플라스는 나폴레옹이 쿠데타에 성공하자, 그를 열심히 지지하여 내무장관이 되었으나, 불과 1개월 만에 파면당하였다. 나폴레옹은

> "라플라스는 사소한 일에 너무 집착하여 명확한 관찰력이 없다. 그는 언제나 무한소의 정신을 행정에 적용하려 든다."

라고 하며, 정치가로서의 결점을 지적하였다고 한다.

라그랑주와 라플라스는 그들의 연구 방식에서 두드러진 대조를 이룬다. 볼(Ball)은 그들의 방식에 대해 다음과 같이 요약하였다.

> "라그랑주는 형식과 내용 모두에 완벽하고 신중하게 설명하기 때문에, 그의 논증은 일반적이지만 이해하기 쉽다. 반면에, 라플라스는 제대로 설명하지 않고 과정에 무관심하며, 그가 옳다는 사실에 만족하며 그것을 증명하지 않거나 틀리게 증명하여 방치한다."

또한, 수학에 대한 견해에서도, 라플라스에게 수학은 단지 자연현상을 설명하는 하나의 도구였으나, 라그랑주에게 수학은 하나의 아름

다운 예술이고 그 자체가 존재의 이유였다고 한다.

라플라스 변환

라플라스 변환은 선형상미분방정식을 대수방정식으로 변화시킨다. 이 성질을 이용하여 비교적 풀기 쉬운 대수방정식의 해를 구한 후, 다시 라플라스 역변환으로 변환시키면 미분방정식의 해를 구할 수 있다. 이는 푸리에 변환과 함께 수학뿐만 아니라 물리학, 공학 등에서도 중요한 역할을 한다. 여기서, 미분방정식은 변수, 함수 및 도함수를 포함하는 방정식을 말하며, 형태에 따라 여러 종류의 미분방정식으로 분류한다.

$f(t)$ 가 $t \geq 0$ 인 구간에서 정의된 함수일 때, f 의 라플라스 변환 $\mathcal{L}\{f(t)\}$ 또는 $F(s)$ 는 다음과 같이 정의한다.

$$\mathcal{L}\{f(t)\} = F(s) = \int_0^\infty e^{-st} f(t)\,dt$$

$$= \lim_{u \to \infty} \int_0^u e^{-st} f(t)\,dt \quad (s > 0)$$

이때, 함수 $f(t) = 1$ 과 $f(t) = \sin t$ 의 라플라스 변환은 각각 다음과 같이 계산된다.

$$\mathcal{L}\{1\} = \frac{1}{s}\,(s > 0), \qquad \mathcal{L}\{\sin t\} = \frac{1}{s^2+1}\,(s > 0)$$

평행공리의 증명을 시도한 르장드르

(Adrien Marie Legendre, 1752년~1833년)

르장드르는 프랑스의 수학자로, 1752년 파리의 부유한 가정에서 태어났다. 그는 1770년에 카트르나시옹대학을 졸업하고, 1775년에는 파리의 육군사관학교인 에콜 밀리테르의 교수가 되었다. 그리고 1789년에는 왕립학회의 외국인 회원이 되었다. 1793년, 프랑스 혁명으로 전 재산을 몰수당했으나, 같은 해에 쿠앵(Couhin)과 결혼하여 빈곤은 면할 수 있었다. 1795년에는 사범학교인 에콜 노르말 쉬페리외르의 교수가 된다. 그 후, 1831년에 레지옹 도뇌르 훈장을 수여받고, 몇 년간 병으로 고생하다가 1833년 1월 파리에서 사망하였다. 일설에는 르장드르가 자기의 소신에 따라 1824년, 국립연구소의 정부 측 후보에게 투표하기를 거부했다고 한다. 투표에 거부한 대가로 연금 지급이 중지되었고, 말년에는 굶어서 죽었다고 한다.

르장드르는 역학, 수론, 추상대수학 해석학 분야에서 많은 공헌을 했다. 르장드르는 과학 전반에 기초가 되는 연구를 수행하여, 다른 학자들의 연구에 많은 도움을 주었다. 다항식의 근을 찾으려고 한 노력은 갈루아 이론의 바탕이 되었으며, 아벨의 타원함수 이론과 통계학과 수론에 대한 가우스 이론 역시 르장드르의 연구를 바탕으로 얻어진 것들이다. 《정수론》에서는 2차 상반법칙의 공식을 정립하여, 그의 이름을 붙인 제곱잉여에 관한 기호를 남기기도 하였다. 이외에도 르장드르는 최소제곱법을 개발했는데, 이는 신호처리나, 통계, 연구 데이터에서 곡선을 뽑아내는 데에 이용되고 있다. 르장드르는 프랑스의 저명한 학자 72명 중의 한 사람으로 선정되어, 그의 이름은 에펠탑 남서쪽 면에 오른쪽에서 두 번째에 새겨졌다.

1806년 《최소제곱법에 관하여》에서 최소제곱법을 가우스에 앞서 발표하였고, 1825~1826년에 저술한 《타원함수론》에서는 르장드르 함수를 도입한 타원적분의 분류를 논하고 있는데, 이는 19세기 타원함수론 발전의 선구가 되었다. 1830년 르장드르는 페르마의 마지막 정리에서 $n=5$인 경우에 대해 증명하였다. 하지만 이는 디리클레가 1828년에 먼저 증명한 것이었다. 그의 저서인 《적분학 연습》, 《타원함수론》, 《오일러 적분론》 등은 교과서로 오랫동안 권위를 지켜왔으며, 특히 《기하학의 요소들》은 여러 나라의 언어로 번역되어 근대적인 초등기하학의 교과서로 사용되었다. 또한, 3차원 조화함수와 관련되는 구면함수에 대해 그의 이름을 붙인 미분방정식은 유명하다. 아울러, 수학은 물론, 물리학이나 전자 공학 등에서 르장드르 변환과 르장드르 다항식은 다방면으로 이용되고 있다.

이제, 르장드르 다항식과 르장드르 연관 함수에 대해서 알아보자. 르장드르 다항식 $P_n(x)$는 르장드르 미분방정식으로 불리는 다음 미분방정식의 해가 되는 함수를 말한다. 이 미분방정식은 물리와 공학의 여러 분야에서 자주 등장하며, 구면좌표계에서 라플라스방정식을 풀이할 때도 나타난다.

$$(1-x^2)\frac{d^2}{dx^2}P(x)-2x\frac{d}{dx}P(x)+n(n+1)P(x)=0$$

이 르장드르 미분방정식은 다음과 같이 표현할 수도 있다.

$$\frac{d}{dx}\left\{(1-x^2)\frac{d}{dx}P(x)\right\}+n(n+1)P(x)=0$$

르장드르 다항식 $P_n(x)$는 n의 값에 따라 다음과 같이 구해진다.

$$P_0(x)=1,\quad P_1(x)=x,\quad P_2(x)=\frac{1}{2}(3x^2-1)$$

$$P_3(x)=\frac{1}{2}(5x^3-3x),\quad P_4(x)=\frac{1}{8}(35x^4-30x^2+3)$$

$$P_5(x)=\frac{1}{8}(63x^5-70x^3+15x)$$

$$P_6(x)=\frac{1}{16}(231x^6-315x^4+105x^2-5)$$

$$P_7(x)=\frac{1}{16}(429x^7-693x^5+315x^3-35x)$$

$$P_8(x)=\frac{1}{128}(6435x^8-12012x^6+6930x^4-1260x^2+35)$$

$$P_9(x)=\frac{1}{128}(12155x^9-25740x^7+18018x^5-4620x^3+315x)$$

$$\vdots$$

$n=1,\ 2,\ 3,\ 4,\ 5$일 때, 구간 $[-1,\ 1]$에서 르장드르 다항식을 그려보면 다음과 같다.

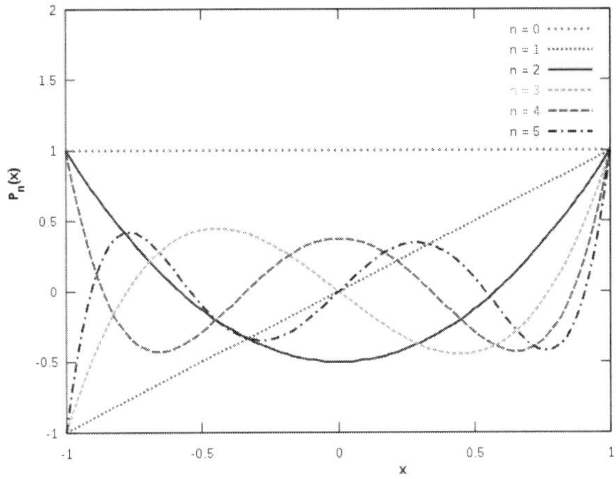

그리고 르장드르 연관 함수는, 다음의 연관 르장드르 미분방정식의 답으로 얻어지는 함수이다.

$$(1-x^2)y''-2xy'+\left\{l(l+1)-\frac{m^2}{1-x^2}\right\}y=0$$

여기서, l과 m은 일반적으로 복소수까지 확장할 수 있는데, l은 연관 르장드르 함수의 차수(degree), m은 계수(order)라고 부른다.

르장드르의 평행공리

르장드르는 유클리드의 평행공리를 증명하기 위하여, 30년 이상 매달렸다고 한다. 그러나 그의 노력은 항상 마지막 해석에서 유클리드 관점의 공리에 의존함으로써 모두 실패하였다. 1832년, 르장드르는 유클리드공간에 대한 그의 절대적인 믿음을 다음과 같이 말하였다.

"삼각형의 세 각의 합에 관한 정리는 논쟁하는 것이 불가능한 기본적인 믿음

중의 하나이고, 수학적 확신을 지탱하고 있다는 것 역시 분명하다."

르장드르와 같은 많은 수학자들의 노력이 비유클리드기하학이 탄생되는 계기가 되었음에 틀림없지만, 르장드르는 잘못된 인식으로 증명이 불가능한 평행공리를 증명하기 위해서 오랜 기간을 허비하였다.

— 스물두 번째 수학자 이야기 —

수학의 황제 가우스

(Carl Friedrich Gauss, 1777년~1855년)

독일의 수학자 가우스는 19세기 전반 최대의 수학자로서, 순수수학은 물론, 응용수학에도 눈부신 업적을 남겨 수학의 황제로 불리고 있다. 또한, 아르키메데스, 뉴턴과 더불어 3대 수학자로 꼽힌다. 가우스는 1777년 가난한 벽돌공의 아들로 태어나 어려운 환경에서 성장하였지만, 일찍부터 뛰어난 소질을 보였기 때문에, 어머니와 숙부의 노력으로 취학할 수 있었다. 10살의 어린 나이에, 등차급수의 합을 구하는 공식을 알아내어 선생님을 깜짝 놀라게 했다고 한다. 그 일화는 다음과 같다.

1786년 뷔트너 선생님은 학생들에게 1부터 100까지의 자연수의 합을 구해보라는 문제를 내고, 학생들이 풀이하는 동안 잠시 쉬고자 하였다. 그러나 어린 가우스는 풀이도 없이 곧장 5,050이라고 적어내었다. 그는 선생님에게 1부터 100까지 합한 식에 100부터 1까지 역순으로 한 번 더 합하여 2로 나누어, 다음과 같이 구하였다고 설명하여 선생님을 크게 놀라게 하였다.

$$\frac{(1+100)\times 100}{2}=5050$$

신동으로 일려진 가우스는 브린시바이크 공의 도움으로 카롤링고교를 거쳐 괴팅겐대학에 진학할 수 있었다. 19세 때에는 유클리드 이후, 2,000여 년간 삼각자와 컴퍼스만으로 작도할 수 없다고 생각해 왔던 정17각형을 작도할 수 있음을 증명하여 대수학자로서의 면모를 보여주었다. 22세 되던 1799년에는 헬름슈테트대학에서 '대수학의 기본정리'를 증명함으로써 학위를 받았다. 그는 정14각형을 그리는 방법을 정수론에서 얻었는데

"수학은 과학의 여왕이며, 정수론은 수학의 여왕이다."

라고 말함으로써, 정수론을 가장 높이 평가하기도 하였다. 또한, 1801년에는 《수론연구》를 발표하여 정수론을 새로운 단계로 끌어올리는 획기적인 업적을 쌓았다.

대수학의 기본정리는 대수방정식의 근의 존재에 관한 정리로

"n차의 대수방정식은 n개의 근을 갖는다."

는 것이다. 이때, 방정식의 근은 복소수까지 확장하며, 다중근인 경우도 근의 개수는 별도로 취급한다. 이 정리에 대해서는 1746년에 디데로와 달랑베르가 발표하였으나 증명이 불충분했다. 1797년, 가우스는 그의 학위논문에서

"대수방정식은 반드시 근을 가진다."

는 것을 처음으로 엄밀하게 증명하였다. 즉, 실계수 또는 복소계수를 가지는 대수방정식은 반드시 복소수 근을 가진다는 것으로 이 정리로

부터 n차방정식 $f(x)=0$의 좌변은

$$f(x)=a_0(x-\alpha_1)(x-\alpha_2)\cdots(x-\alpha_n)$$

의 형태로 유일하게 분해된다. 따라서 n차방정식은 n개의 근을 가진다. 이 기본정리의 증명 중에는 복소함수론과 갈루아의 이론을 사용한 코시를 비롯한 여러 수학자들의 증명도 알려져 있다.

복소수(complex number)란 말도 가우스에게서 비롯되었으며, 자기유도의 단위인 '가우스'도 그의 이름에서 딴 것이다. 그리고 가우스는 유클리드의 평행공리가 어디서나 사실은 아닐 수 있음을 지적하여, 비유클리드기하학의 가능성을 제시하였다. 가우스는 성공적으로 표준정규분포를 얻었고 곡면론 연구로도 주목받았다. 아울러, 수학적 엄밀성과 완전성을 도입하여, 수리물리학에서 독립된 순수수학의 길을 개척하여 근대수학을 확립하였다.

1801년 소행성 케레스(Ceres)가 발견되면서 이 별의 궤도에 대한 문제가 대두되자, 가우스가 이를 계산해 내었고 그 공을 인정받아 1807년에 모교인 괴팅겐대학의 교수 겸 천문대장으로 임명되었다. 이로 미루어 보아, 당시의 학계에서는 뉴턴역학의 영향이 얼마나 컸는지 짐작할 수 있다.

1800년 이후, 가우스의 업적은 다음의 4기로 구분해 볼 수 있다.

제1기는 소행성의 궤도결정을 시작으로 천체역학을 연구하던 1820년까지로, 이 시기의 연구는 《천체운동론(1809)》에 집대성되어 있다. 또한, 수학 분야에서는 초기하급수의 연구 및 복소변수의 함수론의 전개 등이 있다.

제2기는 측지학 연구에 관련한 시기로서, 1821년에 하노버 정부와 네덜란드 정부의 측지사업의 학술고문으로 위촉받은 일이 계기가 되어, 곡률 문제, 등각사상의 이론과 곡면의 전개 가능성 등을 고찰하였다. 이것은 미분기하학으로 향하는 최초의 시작이었다. 한편, 정수론 영역에서도 대수적 정수의 이론을 창시하였고, 이는 아이젠슈타인, 쿠머, 데데킨트 등에게 계승되었다. 또한, 데이터의 처리와 관련하여 1821~1823년의 논문에서 최소제곱법을 이론화하여, 통계에서 가우스분포의 의의를 강조하였다.

제3기는 1830년부터 10년간으로, 주요 관심사는 물리학 쪽으로 옮겨져 갔다. 특히, 베버와의 협력 아래 추진한 지구 자기의 측정 및 이의 이론적 체계화가 두드러진 업적이다. 괴팅겐에 자기관측소를 설립하고, 측정을 위하여 자기기록계를 제작하였으며, 또한 절대단위계를 도입함으로써 전자기학의 기초를 닦는 데에 공헌하였다. 그 외에, 전신기의 발명과 모세관 현상의 연구 등도 이 시기에 이룩한 것이다.

1840년경부터 만년에 이르는 제4기에는, 오늘날의 위상해석학인 위치해석학 및 복소변수의 함수와 관련된 기하학을 중심으로 연구하였다.

가우스는 1807년 괴팅겐대학의 교수 겸 천문대장으로 취임한 뒤, 79세로 사망할 때까지 그 자리에만 있었다. 사망 직후, 하노버의 왕은 가우스에게 경의를 표하는 기념 메달을 만들도록 명령하였다. 하노버의 유명한 조각가이면서 메달 제작자인 브레머는 오래지 않아 메달을 완성하였는데, 그 메달에는 '하노버의 왕 조지 3세가 수학의 왕에게'

라고 새겨져 있다. 이후부터, 가우스는 수학의 황제로 일컬어지고 있다.

가우스는 젊은 시절에 영주의 도움으로 평온한 학구생활을 보냈던 것을 회고하면서

> "수학을 연구하는 데는 무엇보다도 방해받지 않고 완전히 몰두할 수 있는 시간이 필요하다."

라고 하였다. 그렇다면, 교수가 된 뒤에도 행복한 생활을 보냈을까? 그는 설비도 제대로 없는 천문대에서 관측과 계산을 혼자 하여야만 했고, 강의도 하였기 때문에 연구에만 몰두할 수는 없었다. 월급은 박봉이었고, 당시 나폴레옹 휘하의 프랑스 점령군에게 과중한 세금을 징수당하였으며, 그들의 요구에 따라 대규모 측량 사업에 20년 이상 동원되어, 연구 이외의 일에 너무나 많은 시간을 빼앗겼다.

> "이러한 삶보다는 죽는 편이 낫겠다."

라는 글이 그의 노트 중 타원함수의 복잡한 계산 중간에 적혀 있었다고 한다. 하지만, 가우스는 부자로 죽었다고 한다. 투자를 잘해서 모은 꽤 많은 돈이 집 주위에서 발견되었던 것이다.

다음으로, 독자들도 한 번쯤 들어본 가우스 함수에 대해 알아보자.

먼저, 가우스 함수 $y=[x]$는 x를 넘지 않는 최대정수이다. 만약, n이 정수이고 $n \le x < n+1$이면, $[x]=n$이다. 즉, x의 값에서 양의 소수를 버리고 남은 정수 부분을 의미한다. 따라서 $y=[x]$의 그래프는 다음의 왼쪽 그림과 같다. 또 다른 가우스 함수 $y=\{x\}$는 x에 가장 가까운 정수이다. 만약, $m-\frac{1}{2} \le x < m+\frac{1}{2}$($m$은 정수)이면, $\{x\}=m$이다. 즉, x의 값에서 소수를 반올림한 것을 의미한다.

따라서 $y=\{x\}$의 그래프는 다음의 오른쪽 그림과 같다.

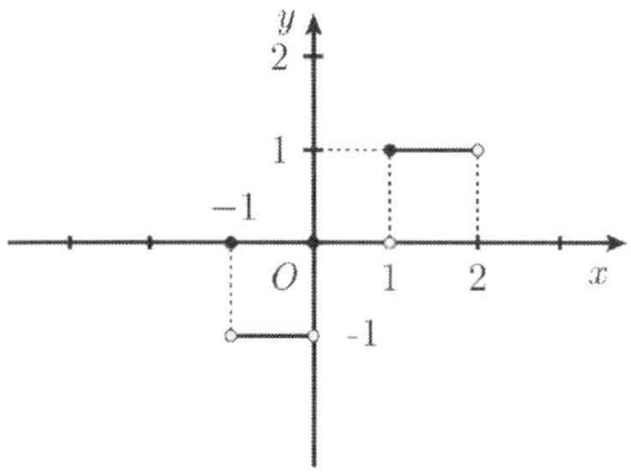

$y=[x]$

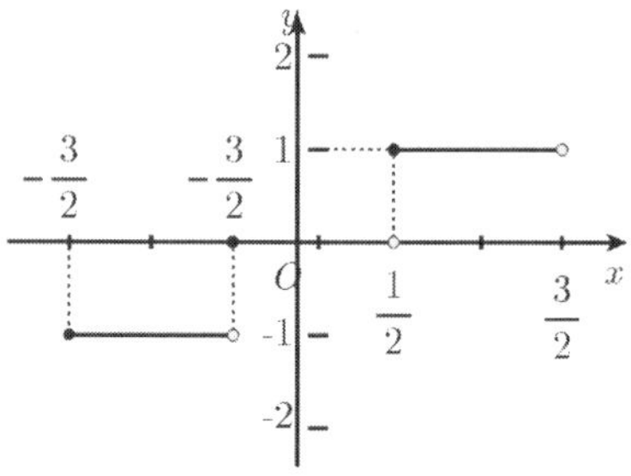

$y=\{x\}$

완벽을 추구한 가우스

수학자이면서 동시에 관측자이기도 했던 가우스는 괴팅겐의 거인으로서 이름을 남겼지만, 우선권 다툼이라든지 후진의 업적에 대한 냉담한 태도 등으로 간혹 나쁜 평을 받게 된 것은 아마도 완전성을 중요하게 여긴 그의 성격 탓인지도 모른다. 그의 좌우명은 "수는 적으나 완숙하였도다."였다고 한다.

실제로, 가우스는 일찍부터 비유클리드기하학의 가능성을 알고 있었음에도, 그의 친구들에게 서신으로만 그 내용을 알렸을 뿐 발표는 하지 않았다. 이에 대해, 많은 수학자들은 당시 비유클리드기하학이 완벽하지 않았기 때문에 가우스가 발표를 미룬 것으로 보고 있다. 또한, 후배 수학자들이 보내온 훌륭한 논문들이 그들에 대한 가우스의 무관심과 냉담한 태도로 인해, 분실되기도 하고 쓰레기통에 버려지기도 하였다.

현대 수학의 아버지 코시

(Augustin Louis Cauchy, 1789년~1857년)

코시는 19세기 전반 프랑스 수학계를 대표하는 학자로서, 독일의 가우스와 함께 현대수학의 근원을 이루어 현대수학의 아버지로 불리고 있다. 기술학교와 토목학교를 졸업하고 토목기사가 되어, 군영의 요새 등에 관련된 일을 보며 많은 논문을 발표하였다. 1816년 학술원 회원과 교수가 되었으며, 1830년대 2월 혁명으로 제2공화국이 수립되자, 소르본느대학 교수로 사망할 때까지 재직하였다.

코시는 해석학과 치환군을 개척한 근대의 가장 위대한 수학자 중 한 사람이다. 1822년 탄성 수학이론의 기초를 마련하였고 미적분학의 원칙들을 분명히 하였으며 해석학의 필수 개념인 극한과 연속에 대한 현대적인 정의를 내렸다. 이러한 개념들을 이용하여 미적분학의 원리들을 개발하였다. 또한, 복소변수 함수론과 방정식론에 대해서도 많은 업적을 남겼다. 정다면체는 면수가 4, 6, 8, 12, 20의 5종류밖에 없음을 완전히 증명한 논문과, 볼록다면체의 면, 꼭짓점, 모서리의 수를 각각 f, v, e로 할 때 $f+v-e=2$가 성립한다는 '오일러의 정리'를 확대한 논문이 르장드르로부터 높은 평가를 받아 수학에 전념하게 되었다.

코시의 업적의 대부분은 해석학 영역에 속하는 것으로, 해석학의 기초를 확립하였으며, 대부분 20세기 수학의 큰 유산이 되었다. 그 업적을 크게 나누면 실변수와 복소변수의 두 가지로 요약되는데, 어떤 경우에는 불완전한 점이 있어, 후세의 연구자들이 이를 수정하기 위해 새로운 개념을 도입하는 등 해석학의 비약적인 발전을 이룩했다. 코시 자신이 해결하지 못한 문제는 프랑스의 수학자 아다마르가 유형별로 정리해 《코시의 문제》라는 제목으로 간행함으로써, 문제의 해결에 많은 도움을 주었다.

1830년까지 파리의 정치적 상황과 몇 년간의 고된 연구로 코시는 휴식을 위해 파리를 떠나 스위스에서 잠시 머물렀다. 파리의 정치적 상황이란 충성 서약을 하지 않아 코시가 파리로 복귀하지 못해 보직 해임을 당한 것을 말한다. 그는 스위스에서 학회를 만들기 위해 정열적으로 노력하였지만, 이 계획은 좌절되고 말았다. 그 다음 해에, 튜링으로 옮겨 피드몽 왕으로부터 이론 물리학과의 학과장직을 제의받아 1832년부터 강의를 맡게 되었다.

한편, 코시는 1833년에 찰스 10세를 수행하고, 그의 손자를 가르치기 위해 튜링에서 프라하로 갔다. 그러나 가르치는 데는 소질이 없었던 것으로 전해진다. 다음과 같은 일화가 있다.

기하학 문제에 대해 코시가 왕자에게 물어보면, 왕자는 혼동하였고 머뭇거렸다. 또한, 물리학과 화학 문제에 대해서도 마찬가지였다. 왕자는 수학만큼이나 이 과목들에 대해서도 관심이 거의 없었다. 화가 난 코시는 왕자를 나무라며 소리쳤다고 한다. 여왕은 가끔 코시에게 "그 정도로 안 되니 아주 크게 소리치라."고 웃으면서 말했다고 한다.

프라하에 있는 동안 코시는 1834년에 볼차노(Bolzano, 1781~1848)의 요청으로 회합을 가졌다. 이때, 연속성에 대한 코시의 정의에서 어느 정도가 볼차노에 의한 것인가에 대한 토론이 있었다. 수학사학자 프로이덴탈(Freudenthal)은 그의 논문에서 코시의 정의가 볼차노의 것보다 먼저 이루어졌다고 주장하였다. 코시는 1838년에 파리로 돌아갔고, 학교에서 그의 지위는 찾았지만, 충성 서약을 거부한 탓으로 강의는 하지 못하였다. 그 후에도 간부직에 선출되었으나 임명되지 못했으며, 회의에도 참석하지 못했을 뿐만 아니라 급여도 받지 못했다.

이제, 절대부등식에 대해 알아보자.

절대부등식(absolute inequality)은 미지수의 값에 상관없이 항상 성립하는 부등식을 절대부등식이라고 한다. 코시의 부등식을 포함하여, 다음은 우리가 자주 이용하는 절대부등식들이다.

(1) $a^2 \pm 2ab + b^2 = (a \pm b)^2 \geq 0$

(2) $a^2 + b^2 + c^2 - ab - bc - ca = \dfrac{1}{2}\{(a-b)^2 + (b-c)^2 + (c-a)^2\} \geq 0$

(3) $\dfrac{a+b}{2} \geq \sqrt{ab} \geq \dfrac{2ab}{a+b} \quad (a>0,\ b>0)$,

즉 산술평균 ≥ 기하평균 ≥ 조화평균

(4) 코시 부등식 : $(a^2 + b^2)(x^2 + y^2) \geq (ax + by)^2$

(5) 슈바르츠 부등식 : $(a^2+b^2+c^2)(x^2+y^2+z^2) \geq (ax+by+cz)^2$

(6) 삼각부등식 : $|x|+|y| \geq |x+y|$

오늘날 미적분학 교과서에서 사용되는 극한과 연속의 기초 개념 등 상당 부분은 코시에 의한 것이다. 그는 함수 $y=f(x)$의 도함수 $\frac{dy}{dx}$를 다음과 같이 정의하였다.

$$\frac{dy}{dx} = \lim_{\Delta x \to 0} \frac{f(x+\Delta x)-f(x)}{\Delta x}$$

18세기 동안에는 일반적으로 적분을 미분의 역으로 취급한 반면, 코시는 오늘날과 같이 정적분을 무시할 만큼 작은 부분들의 무한히 증가하는 집합의 합의 극한으로 정의하고자 하였다. 그러고는 적분과 역도함수 사이의 관계를 평균값 정리에 의하여 입증하였다.

또한, 코시가 1812년에 발표한 행렬이론에 대한 논문도 이 분야의 발전에 많은 기여를 하였다. 여기서, 그는 A, B가 모두 $n \times n$행렬일 때, $|AB| = |A||B|$임을 증명하였으며, 방정식 $|A-\lambda I| = 0$를 행렬 A의 특성방정식이라 정의하여 '특성(characteristic)'이란 용어를 행렬이론에 처음으로 도입하였다.

극한의 정의

극한 개념은 고대 그리스에서도 사용되었다. 예로, 아르키메데스는 극한 개념을 이용하여, 원주율을 계산하고, 도형의 넓이와 부피를 구하였다. 현대적 의미로서의 함수의 극한에 대한 연구에는 코시가 많은 공헌을 하였다. 코시는 그의 저서 《해석학 과정》에서 극한을 다음과 같이 정의하였다.

> "변수가 취하는 값이 차츰 일정한 값에 접근해서, 그 차가 임의로 주어진 양보다도 적어질 때, 그 일정한 값을 처음 변수의 극한이라고 한다."

실제로, 코시는 《미적분학 요강》에서 ε과 δ의 기호를 사용하여, 흔히 말하는 $\varepsilon-\delta$ 논법으로 함수의 극한을 다음과 같이 형식적으로 정의하였다.

함수 f가 $x=a$를 제외한 점 a의 근방에서 정의되었을 때, 임의의 $\epsilon>0$에 대하여

$$0<|x-a|<\delta \Rightarrow |f(x)-L|<\epsilon$$

을 만족하는 $\delta>0$가 존재하면, $x \to a$일 때 $f(x)$는 L에 수렴한다(converge)고 하고, $\lim_{x\to a} f(x) = L$과 같이 나타낸다.

제3부

현대 수학자

무한 이외에

다른 어떤 물음도

그토록 인간 정신에

깊은 감동을 준 것은 없었다.

– 힐베르트

새로운 우주를 창조한 볼리아이

(Janos Bolyai, 1802년~1860년)

볼리아이는 1802년 헝가리에서 태어났다. 13세 때 아버지 볼프강 볼리아이(Wolfgang Bolyai)의 지도로 미적분학과 해석 역학에 대해서 통달했다. 아버지 볼프강 볼리아이는 평소에 친분이 있는 가우스에게 아들의 교육을 부탁하였으나 가우스로부터 연락이 없었고, 결국 볼리아이는 비엔나의 왕립 공업대학에 입학하여 1818년부터 1823년까지 공부하게 된다. 졸업 직후, 헝가리 왕립 군대에서 장교로 11년간 근무하였는데, 최고의 무사이자 무용가였다고 한다. 또한, 중국어와 티베트어를 포함하여 9개의 외국어를 유창하게 구사할 수 있었다.

볼리아이는 1820년에서 1823년 사이에 비유클리드기하학의 완전한 체계에 대한 논문을 준비하고 있었다. 그는 평행공리의 증명을 수차례 실패한 뒤, 이것을 독립적인 주장으로 생각하고 이 공리를 부정한 바탕 위에서 전혀 알려지지 않은 새로운 기하학을 구성하는 데에 성공하였다. 그의 논문 〈절대적으로 정확한 공간의 과학〉을 1832년 아버지가 저술한 책의 부록으로 발표하였는데, 이것이 바로 비유클리드기하학의 탄생에 관한 불후의 저작이다.

이 논문으로 인해, 후일 볼리아이는 로바체프스키(Lobachevsky, 1792~1856)와 함께 비유클리드기하학을 창시한 수학자로 인정받기는 하였지만, 상당한 기간이 지난 후에, 로바체프스키가 1829년에 비유클리드기하학에 관한 유사한 논문을 발표하였다는 사실이 알려졌다. 시기적으로 로바체프스키의 발표가 빨랐지만, 그의 논문이 러시아어로 작성된 데다 새로운 발견에 대한 정보의 전달이 느렸기 때문에 로바체프스키의 논문이 서유럽에 알려지는 데는 여러 해가 걸렸던 것이다. 따라서 당시에는 이 문제에 관한 상당한 표절 시비가 있었다고 한다.

수학을 전공한 아버지 볼프강 볼리아이도 유클리드의 평행공리를 증명하기 위해 많은 시간을 보냈다고 한다. '평행공리에 대한 연구는 무의미한 일'이라며 적극 만류하는 아버지의 뜻을 어기고, 아들 볼리아이는 평행공리에 대해 많은 관심을 가졌다. 1823년, 그는 평행공리에 직면한 문제의 실체를 이해하였으며, 그 해 아버지에게 쓴 편지에서 자료를 정리할 시간과 발표할 수 있는 기회만 주어진다면, 당장이라도 평행이론에 관한 연구를 발표하고 싶다면서

"나는 무(無)에서 이상하고도 새로운 우주를 창조하였다."

며, 기쁨에 겨워 크게 외쳤다고 한다. 그 후, 아버지는 아들 볼리아이가 연구한 비유클리드기하학에 관한 논문을 자신이 출판할 책의 부록

에 발표할 것을 권하였다. 그러면서 논문을 라틴어로 작성할 것을 제안하고, 다음 내용을 편지로 보내며 이런 일은 신속하게 진행해야 한다고 독촉하였다.

> "네가 문제의 해를 얻는 데에 실질적으로 성공했다면, 두 가지 이유에서 출판을 서두르는 것이 좋겠다. 첫째는 이 아이디어가 그것을 출판할 수 있는 다른 사람들에게 쉽게 알려질 수 있기 때문이고, 둘째는 봄에 바이올렛이 곳곳에서 피어나듯이 새로운 아이디어는 동시에 여러 곳에서 발견되는 것이 다반사이기 때문이다."

그때만 하더라도 볼리아이는 아버지의 염려와 같이, 비유클리드기하학에 대한 로바체프스키와의 우선권 문제가 발생할 것이라고는 상상조차 하지 못하였을 것이다. 그리하여 그는 1829년 원고를 완성하여 아버지에게 전했고, 마침내 3년 후인 1832년 아버지가 저술한 책 《순수수학의 원론에 대한 도입론적 연구의 시도》의 부록 형식으로, 〈절대적으로 정확한 공간의 과학을 설명하는 부록〉이라는 이름의 24쪽짜리 짧은 논문으로 발표되었다. 볼리아이가 유클리드기하학을 넘어서는 데에 2,000년 이상의 시간이 걸렸던 것이다.

아버지 볼프강 볼리아이는 괴팅겐대학에서 같이 공부한 인연으로 가우스와는 오랜 친구 사이였다. 그는 가우스에게 비유클리드기하학에 대한 아들의 논문이 수록된 자신의 책을 보냈는데, 논문을 읽은 가우스는 다음과 같은 내용의 편지를 보내왔다.

> "이 발견을 축하하는 것은 결과적으로 나 자신을 축하하는 것이다. 연구 내용 전반에 걸쳐 대부분이 내가 30세에서 35세 사이에 생각했던 것과 거의 일치한다."

이 편지는 새로운 우주를 창조를 했다고 기뻐한 볼리아이를 절망에 빠지게 했는데, 그를 더욱 불행하게 만든 것은 이미 3년 전에 로바체프스키가 발표한 내용과도 거의 일치한다는 것이었다. 일생을 바쳐 유클리드의 평행공리를 극복하였지만, 이미 로바체프스키가 지나간 다음이었다. 그럼 가우스는 과연 이전에 비유클리드기하학에 대한 생각을 하고 있었을까? 결론적으로 이보다 수년 전에 가우스가 그의 친구들에게 보낸 편지에 이와 관련된 내용들이 발견되었다고 한다.

볼리아이의 주요 관심사는 평행공리의 독립, 즉 유클리드기하학과 새로운 기하학 모두에 성립되는 명제의 집합을 뜻하는 '공간의 절대적 과학'에 관한 것이었기 때문에, 그는 많은 분량의 원고를 남겼음에도 더 이상 아무것도 발표하지 않았다. 볼리아이는 상상할 수 없을 정도의 좌절을 겪은 후, 1848년에는 정치 활동에 뛰어들었으나, 병마가 덮치면서 불운은 계속되었다.

결과적으로, 쌍곡기하학은 1829년 러시아의 수학자 로바체프스키에 의해 처음으로 알려졌다. 그는

> "평면 위에서 주어진 직선 밖의 한 점을 지나고, 그 직선에 평행한 직선은 오직 하나밖에 없다."

고 하는 유클리드의 평행공리를 부정하고, 그 대신에

> "평면 위에서 직선 밖의 한 점을 지나, 이 직선에 평행한 직선이 적어도 2개가 존재하는 점과 직선이 있다."

는 쌍곡공리로 대체함으로써 자기모순이 없는 기하학 체계를 개발하였다.

쌍곡기하학에 대한 논문을 처음으로 발표한 로바체프스키는 1792년 러시아의 고르키에서 평범한 공무원의 아들로 태어났다. 그가 5세 때, 아버지가 죽자, 어머니는 아이들을 데리고 카산으로 이사를 갔다. 가난에 허덕이던 어머니는 아이들의 교육을 위한 끈질긴 호소로 국가 보조를 받을 수 있었다. 고등학교를 졸업한 뒤에는 카산대학에 입학하여 학위를 받고 교수로 재직하다가 33세이던 1825년 총장으로 선출되었다. 1846년 은퇴할 때까지 총장으로 있으면서 교육 발전에도 크게 공헌하였는데, 안타깝게도 말년에는 눈이 멀었다고 한다.

1829년, 로바체프스키가 '카산대학 회보'에 발표한 최초의 비유클리드기하학에 관한 논문은 러시아에서는 거의 관심을 끌지 못하였고, 러시아어로 쓰였기 때문에 다른 나라에서도 거의 읽혀지지 못하였다. 이에, 로바체프스키는 이 논문을 많은 사람에게 알리고자 1840년 〈평행이론에 관한 기하학적 연구〉라는 제목으로 독일어 소책자를 발간하였다. 시력을 잃고 1년 후인 1855년에는 그의 마지막 논문인 〈범기하학〉을 프랑스어로 발간하였다. 로바체프스키는 자신의 논문이 널리 알려지는 것을 보지 못하고 〈범기하학〉을 발표하고 1년 후에 죽었다. 후대의 사람들은 로바체프스키를 '수학의 코페르니쿠스'라고도 부른다. 낡고 비과학적인 이론에 맞서 싸우며, 현실과 동떨어진 추상작인 이론에만 매달리지 않고 코페르니쿠스처럼 대다수 인류를 위한 실용학문에 정진하였기 때문이었다.

볼리아이는 로바체프스키의 명성에 가려서 공로를 인정받지 못한 채 병마와 싸우면서 외롭게 죽어간 불운의 수학자가 되고 말았다. 그는 1860년에 공동묘지에 안장되었고, 장례식에 참석한 사람은 단 3명뿐이었다고 전한다. 그가 다니던 캘빈교회에는

“그의 생애는 이 세상에 아무 보탬이 없이 끝났다.”

는 짤막한 기록이 남아 있다고 한다. 그가 죽고 상당한 세월이 흐른 뒤, 볼리아이는 비유클리드기하학의 창시자 중의 한 사람으로 공로를 인정받게 된다.

비유클리드기하학

비유클리드기하학의 발견은 유클리드의 평행공리를 증명하려는 과정에서 출발되었다. 당시의 수학자들은 유클리드의 평행공리를 당연한 사실로 받아들이고, 다른 공리나 알려진 정리로부터 증명할 수 있을 것으로 생각하고 있었다. 그들 중에, 프로클로스(Proklos, 410~485)는 “두 직선이 계속 연장되어 가까이 가면 언젠가는 만나게 될 것이라는 것은 그럴듯하지만 사실은 그렇지 않다.”고 비평하면서, 점근선으로 얼마든지 원하는 만큼 가까이 접근하는 쌍곡선을 예로 제시하였다. 월리스(Wallis, 1616~1703)는 “한 삼각형과 한 선분이 주어지면, 닮은 삼각형이 존재한다.”는 ‘월리스의 공리’를 도입하여 평행공리를 증명하였다. 그러나 월리스의 공리 역시 평행공리와 필요충분조건임이 밝혀져 그의 증명은 허사가 되고 말았다.

가톨릭 사제인 사케리(Saccheri, 1667~1733)는 ‘사케리 사변형’, 즉 ‘두 밑각이 직각이고 밑변과 인접하는 두 변이 합동인 사변형’을 생각하여, 귀류법으로 평행공리를 증명하고자 하였다. 사케리 사변형의 두 위각이 합동임은 쉽게 증명되지만, 이들이 직각, 둔각 또는 예각인지는 알지 못한다. 만약, 직각이면 주어진 사변형은 직사각형이 되어 평행공리가 증명된다. 또한, 둔각인 경우는 모순됨이 증명되지만, 예각인 경우는 모순됨을 증명하지 못하고 원천적으로 불가능하다고 하면서 마무리하고 만다. 이로 인해, 쌍곡기하학이 탄생될 수 있는 기회를 놓치고 말았다.

한편, 람베르트(Lambert, 1728~1777)는 사케리와 유사하게, 세 각이 직각인 '람베르트 사변형'을 생각하였다. 그 역시 나머지 한 각이 직각, 둔각 또는 예각인 경우로 구분하여, 평행공리가 성립함을 증명하고자 하였다. 역시 나머지 각이 예각인 경우에 모순됨을 증명하지 못하고, 예각인 경우에 성립하는 성질들을 조사하였다. 이는 쌍곡기하학에서 성립하는 성질들을 조사한 것이지만, 그런 기하학이 가능하다는 생각은 전혀 하지 못하였다.

다음의 두 그림은 쌍곡기하학의 모형에서 사케리 사변형(왼쪽)과 람베르트 사변형(오른쪽)을 각각 나타낸 것이다.

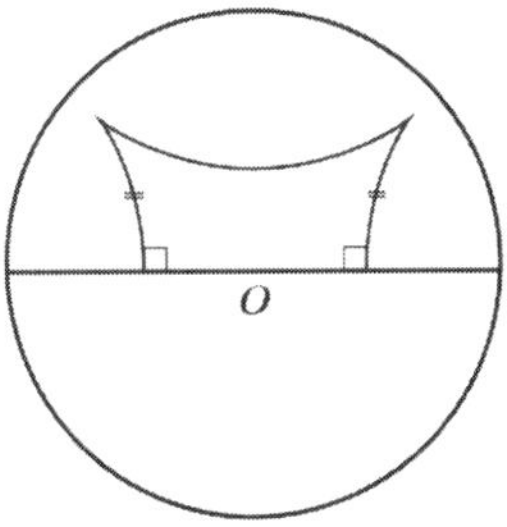

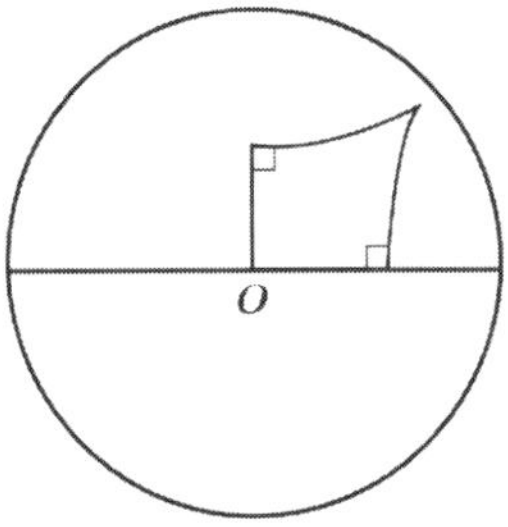

그 후, 앞서 소개한 내용과 같이, 볼리아이, 가우스와 로바체프스키 등을 거치면서 비유클리드기하학인 쌍곡기하학이 탄생하게 된다. 유클리드의 평행공리에 대한 오랜 논쟁은, 1868년 벨트라미(Beltrami, 1835~1900)가 미분기하학을 이용하여 증명한, 다음의 초수학적 정리로 인해 끝나게 된다.

초수학적 정리 : 유클리드 기하학이 모순이 없다면, 쌍곡기하학도 모순이 없다.

이는 유클리드기하학이 모순이 없다는 가정에서, 평행공리가 다른 공리들과 독립적인 공리임을 증명한 것으로, 평행공리 대신에 다른 공리를 도입해도 문제가 없다는 의미이다.

그럼, 유클리드기하학을 부정한 비유클리드기하학에는 어떤 기하학이 있을까?

먼저, 평행공리 대신에 "평면 위에서 직선 밖의 한 점을 지나, 이 직선에 평행한 직선이 2개 이상 존재하는 점과 직선이 있다."라는 '쌍곡공리'를 도입한 쌍곡기하학(hyperbolic geometry)이 있다. 쌍곡평면의 모형으로는 나팔곡면을 생각할 수 있다. 쌍곡기하학에서는 다음의 성질들을 갖는다.

① 평면 위에서 주어진 직선 밖의 한 점을 지나고, 그 직선에 평행한 직선은 무한히 많다.
② 삼각형의 세 내각의 합은 180도보다 작다.
③ 직사각형은 존재하지 않는다.
④ 두 삼각형이 닮음이면 합동이다. 따라서 쌍곡기하학의 세계에서는 실물 크기의 사진만 가능하다.

또 다른 비유클리드기하학으로 타원기하학(elliptic geometry)이 있다. 타원기하학은 평행공리 대신에 "평면 위에 평행선은 존재하지 않는다."라는 '타원공리'를 도입한 기하학이다. 여기서는, 유클리드기하학에서 인정하는 순서공리들을 분리공리로 대체한다. 예로, 구면에서 한 점을 대심점의 쌍으로, 직선을 대원, 즉 원의 중심이 구의 중심과 같은 구면 위의 원으로 해석하면, 구면은 타원기하학의 한 모형이 된다. 타원기하학에서는 다음의 성질들을 갖는다.

① 삼각형의 세 내각의 합은 180도보다 크다.
② 타원평면에서는 모든 직선이 유한한 길이를 갖고 원처럼 보이기 때문에 유한이지만, 어떤 경계도 갖지 않는다.
③ 타원기하학의 세계에서는 눈을 깜빡이지 않고 타원직선을 따라 강력한 망원경으로 정면을 오래도록 주시하면, 언젠가는 자신의 뒷모습을 볼 수 있을 것이다(오른쪽 그림 참조).

대수학 발전에 공헌한 아벨

(Niels Henrik Abel, 1802년~1829년)

아벨은 1802년에 노르웨이의 네드스트란에서 7남매 중 둘째로 태어났다. 아버지는 신학과 철학에서 학위를 받은 인물로 교회 목사였다. 어머니는 상인 집안 출신으로 사교 생활을 즐겼고 자녀의 양육에는 무관심했던 것으로 전해진다. 어린 자식들에 대한 기초 교육을 담당한 사람도 아버지였다. 아벨은 1815년에 크리스티아니아 성당학교에 진학하여, 15세 때 상당한 수학 실력을 가진 홀름보에(Holmboë) 선생을 만나게 되었다. 아벨이 홀름보에를 만난 것은 큰 행운이었는데, 그는 아벨의 수학적 재능을 간파하고 아벨을 열성적으로 가르쳤다. 방과 후에도 무료로 개인지도를 해주며, 상급 수준의 과제에 도전하도록 격려하였다. 홀름보에는 아벨의 성적표에

"믿기 어려운 천재성으로 수학에 대한 억제할 수 없는 관심과 열정을 하나로 묶어 낸다. 앞으로 특별한 일이 없다면 위대한 수학자가 될 것이다."

라고 적었다고 한다.

그러던 중 아벨의 아버지는 1820년 48세에 세상을 떠났다. 집안의 경제 사정은 매우 나빠졌고, 아벨은 공부를 포기해야 하는 지경에 이르렀다. 이때, 홀름보에는 노르웨이 정부의 보조금을 얻어 아벨이 대학에 진학할 수 있도록 도와주었다. 덕분에 아벨은 1821년에 왕립 프리데릭대학에 입학하여 수학을 계속 공부할 수 있었으며, 대학에서도 뛰어난 수학 실력을 발휘해 입학한 지 1년 뒤인 1822년 졸업장을 받았다.

또한, 홀름보에는 아벨에게 위대한 수학자들의 책을 직접 읽어보라고 권유하기도 했다. 아벨은 뉴턴, 라그랑주, 오일러, 가우스 등을 포함한 선배 수학자들의 저작들을 탐독하면서, 그는 거기에 나타난 미비한 내용들을 보충하는 일을 일생의 업으로 삼았다. 후일, 아벨은 수학적 성취의 비결에 대한 질문을 받았을 때, 그는

"위대한 학자들에게 직접 배움으로써 그것이 가능했다."

고 답하였다.

아벨은 이후에도 홀름보에와 계속 교류하였는데, 흥미로운 일화도 전해진다. 어느 날 장난꾸러기 아벨은 편지 끝에 보내는 날짜 대신에 $\sqrt[3]{6064321219}$ 년이라 적었다. 이 세제곱근을 구하면 $\sqrt[3]{6064321219} = 1823.5908275\cdots$ 이므로, 정수 부분인 1823은 1823년을 가리키고, 나머지 소수점 이하를 일자로 고치면 $0.5908275 \times 365 = 215.652$가 되어 1월 1일로부터 따지면 216일째에 해당한다. 따라서 아벨이 편지를 보낸 날짜는 1823년 8월 4일이 된다. 아벨은 '1823년 8월 4일' 대신에 세제곱근으로 써서 보냈던 것이다.

아벨은 5차방정식의 대수적 불능 문제를 연구하고, 그에 관한 논문을 자비로 인쇄하여 일부를 당시 수학계의 1인자였던 가우스에게 보냈으나, 가우스는 그것을 읽어보지도 않고 쓰레기통에 버렸다. 이로 인해, 가우스에게 나쁜 감정을 가진 아벨은 독일 괴팅겐에 가우스가 있었기 때문에 그를 피하기 위해 괴팅겐을 지나지 않고 베를린에 갔다고 한다. 베를린에서 아벨은 크렐레(Crelle, 1780~1855)를 만나게 된다. 크렐레는 아벨의 도움을 얻어 1826년에 수학 전문지 〈순수수학 및 응용수학지〉를 창간하고, 아벨의 논문을 게재하여 그의 업적을 세상에 소개하였다.

프랑스로 건너간 아벨은 르장드르, 코시 등의 저명한 수학자들을 만나게 된다. 그러나 프랑스 수학자들이 아벨을 맞이하는 태도는 독일에서와는 무척 달랐다. 아벨이 프랑스 수학자들과 친해져서 말하려고 하면, 곧 그들은 자신의 위대함에 대해 강의하기 시작했다. 아벨은 훗날 '아벨의 정리'로 불리는 타원함수에 관한 논문을 작성해 코시에게 보여주지만, 코시는 별다른 반응을 보이지 않았다고 한다. 1826년, 〈어떤 종류의 매우 확장된 초월함수의 일반적 성질에 관한 논고〉라는 아벨의 논문을 프랑스 학술원에 제출했다. 그 논문에 대한 심사를 맡은 사람은 르장드르와 코시였다. 그런데 르장드르는 아벨의 논문을 이해하지 못했고, 코시는 논문을 집에 가져가서는 내던져 버렸다고 한다. 결국, 아벨의 논문은 그가 죽은 후에야 다시 발굴되는 우여곡절을 겪게 된다.

귀국 후에도 연구를 계속하여 타원함수론에 관한 우수한 논문들을 발표하였다. 1829년 1월 건강 악화에도 불구하고 프랑스 과학원에 제출했던 미발표 논문을 발전시켰고, 결국 대수함수에 관한 '아벨의 정리'를 증명한 논문을 베를린의 크렐레에게 보냈다. 이 무렵에, 그의 업적이 수학계에 알려져 높이 평가되었고, 베를린대학에서는 그를 교수로 초빙하기에 이르렀다. 그러나 그 초대장을 받기 이틀 전, 아벨은 26세의 나이로 세상을 떠났다. 그의 약혼자인 크리스틴은 아벨이 죽는 순간까지 정성껏 간호했다. 아벨은 크리스틴이 친구이자 왕립 프리데릭대학에서 지질학을 가르치고 있던 킬하우와 결혼하기를 소망했다. 아벨이 죽은 후, 크리스틴과 킬하우는 아벨의 농담 같은 제안대로 결혼식을 올렸다고 한다.

10년 뒤, 아벨의 은사인 홀름보에는 〈아벨 전집〉의 초판을 편집해 제자의 무덤에 바쳤다. 아벨의 타원함수에 관한 논문이 세상의 빛을 보게 된 것은 독일의 수학자 야코비(Jacobi, 1743~1819) 덕분이었다. 르장드르는 야코비에게 아벨의 논문에 대해 언급했고, 야코비는 1829년 편지에서 다음과 같이 썼다.

> "아벨의 발견은 얼마나 굉장한 것인가! … 무엇 때문에 2년 전에 프랑스 과학원에 보내진 논문이 당신들 동료의 주의를 끌지 않았을까요?"

이를 계기로 파리에 체재 중이던 노르웨이 영사는 잃어버린 원고에 대해 항의를 했고, 1830년에 코시는 집안을 샅샅이 뒤져 아벨의 논문을 찾아냈다. 같은 해 프랑스 과학원은 야코비와 함께 아벨에게도 수학 부문 대상을 수여했다. 이후에 아벨의 논문은 또 다시 분실되는 사태를 거쳐 1841년에야 〈프랑스 과학원 논집〉에 게재될 수 있었다.

3차, 4차방정식의 해법에 이어, 5차방정식에서도 약간의 시행착오를 겪기는 하겠지만, 조금만 더 노력하면 몇 년 이내에 해법을 찾아낼 수 있을 것으로 믿었다. 그러나 이러한 예상은 완전히 빗나갔고, 5차방정식의 해법을 찾으려는 노력은 모두 실패로 돌아갔다. 1770년에 라그랑주는 《방정식의 대수적 해법에 관한 고찰》에서 "대수적 방법으로는 5차 이상의 고차방정식의 근을 구할 수 없다."고 공언하기에 이르렀다. 그러던 중 1821년에 19세에 불과했던 아벨은 해결책을 찾아서 홀름보에에게 알렸고, 홀름보에는 크리스티아니아대학 교수인 한스텐(Hansteen)과 라스무센(Rasmussen)에게 자문을 구했다. 아벨의 논문에서 아무런 오류도 발견하지 못한 한스텐 교수는 덴마크 코펜하겐대학의 데겐(Degen) 교수에게 다시 문의하였다.

데겐 역시 문제점을 발견하지는 못했지만, 수많은 수학자들이 해결하지 못한 문제를 19세 젊은이가 풀었다는 사실이 믿기지 않아, 아벨의 논문을 완전히 신뢰하지는 않았다. 데겐은 아벨에게 보낸 회신에서 다음과 같은 두 가지 사항을 당부했다고 한다.

> 첫째는 자신의 방법을 적용할 수 있는 실례를 들어야 한다는 것이고, 둘째는 당시의 중요한 수학적 문제인 타원적분에 관한 연구에 관심을 기울여 보라는 것이다.

데겐의 편지에 따라 검토한 결과, 아벨은 자신의 방법을 토대로 적절한 예를 찾는 데에 실패했고, 오히려 자신의 방법에 치명적 오류가 있다는 점을 발견하게 된다.

1823년 여름, 아벨은 코펜하겐으로 건너가 데겐과 함께 5차방정식의 해결 가능성을 심도 있게 토론했다. 이 과정에서 아벨은 문제 해결에 대한 인식 자체를 바꾸게 된다. 이제까지 수많은 수학자들이 5차방정식의 해를 구하는 공식을 구하는 데에 실패했다면, 이제는 근의 공식이 존재하지 않음을 증명하고자 했던 것이었다. 1824년에 아벨은 〈5차방정식의 일반적 해법에 관해〉라는 소책자에서 5차 이상의 방정식에는 제곱근 연산과 사칙연산만으로는 풀 수 있는 일반적인 근의 공식이 존재하지 않음을 명쾌하게 증명하였다. 이로써 5차방정식의 해를 구하는 문제는 무려 250년이라는 긴 세월을 거쳐 아벨에 의해 해결되었다.

그러나 이러한 성과가 곧바로 아벨에게 명예를 가져다주지는 못했다. 아벨의 소책자는 자비로 발간되었는데, 당시에 아벨은 돈을 아끼느라 많은 내용을 축소하였던 것이다. 이에, 아벨의 책자가 몇몇 수학자들에게 전해지기는 하였으나 그들은 아벨의 주장을 충분히 이해할 수 없었다. 현대수학에서 아벨의 이름은 자주 등장한다. 아벨의 정리, 아벨 방정식, 아벨 적분 등이 그것이다. 아벨은 26세의 젊은 나이로 세상을 떠나고 말았지만, 누구보다 수학을 사랑했고 수학의 역사에 혁혁한 업적을 남겼다. 19세기 후반, 프랑스 수학계를 이끌었던 에르미트(Hermite)는

> "아벨이 남긴 업적으로 인해, 이제부터 수학자들은 500년 동안 바쁘게 지낼 수밖에 없을 것이다."

라고 평가했다.

아벨이 세상을 떠나고, 100년이 지난 1929년에 노르웨이 정부는 아벨에 대한 우표 4종을 발행하였고, 1978~1985년에는 500크로네 화폐의 초상 인물로 선정하였다. 또한, 아벨 탄생 200주년인 2002년에 노르웨이 정부는 아벨상을 제정하여 수학에서 탁월한 학문적 업적을 이룬 학자에게 수여하고 있다.

| 노르웨이의 500크로네 화폐 |

필즈상과 아벨상

필즈상은 4년에 한 번, 40세 미만의 수학자에게 수여한다는 의미에서 수학의 노벨상이라기보다는 수학 올림픽이라고 하는 것이 합당할지도 모른다. 제10회 세계수학자대회에서 수여된 첫 번째 필즈상은 1936년 핀란드의 알포스 교수와 미국의 더글라스 교수가 수상하였다. 페르마의 마지막 정리를 증명한 와일즈 교수가 완성된 증명을 제출한 것은 1994년 세계수학자대회가 끝난 이후였는데, 1998년 세계수학자대회 때 40세가 넘었기 때문에 필즈상을 타지 못하고 대신 공로상을 받았다.

수학 분야에서 수여하는 또 다른 상으로는 노르웨이 학술원에서 수여하는 아벨상이다. 이 상은 아벨의 탄생 200주년을 기념하는 뜻에서 제정되었으며, 제정 당시 상금이 600만 크로네(약 92만 달러)이었으므로 수학 분야의 상금으로는 꽤 많은 편이다. 2003년 시행된 제1회 아벨상 수상자는 프랑스 수학자 세레(Serre)였는데, 1954년 28세의 나이로 필즈상도 수상하였다. 2016년에는 나이 때문에 필즈상을 수상하지 못한 영국 옥스퍼드대학의 와일즈 교수에게 돌아갔다.

비둘기 집을 지은 디리클레

(Peter Gustav Lejeune Dirichlet, 1805년~1859년)

디리클레는 프랑스에서 이주해 온 집안의 아들로 1805년 독일 뒤랜에서 태어났다. 그는 파리 등지에서 유학하며, 수학의 대가들과 교류하였는데, 특히 푸리에와 친하게 지냈다. 후에 귀국하여 1839년 베를린대학에서 교수를 지냈으며, 1855년부터는 가우스의 뒤를 이어 괴팅겐대학의 교수가 되었다. 그리고 정수론, 급수론, 대수학 등을 비롯하여 여러 분야의 수학에 위대한 업적을 남겼다. 그는 가우스가 구축해 놓은 정수론을 계승하여, 수학적 내용을 가능한 한 쉽게 이해할 수 있도록 부연하여 설명하였다.

디리클레의 첫 번째 논문은 n이 2보다 큰 경우에 $x^n + y^n = z^n$을 만족하는 자연수 x, y, z가 존재하지 않는다는 페르마의 마지막 정리에 관한 것이었다. 이 문제는 타원함수에 대한 문제와 연관되어 있어, 다른 문제들을 풀 수 있는 출발점이 되기 때문에 큰 관심을 불러일으켰다. $n=3$과 $n=4$인 경우는 각각 오일러와 페르마가 증명하였다.

$n=5$일 때는 제르맹의 방법을 이용하면, x, y, z 중에서 어느 하나가 5의 배수인 경우에 대해서만 증명하면 충분하다는 것이 알려졌다. 1825년 7월, 디리클레는 $n=5$일 때, x, y, z 중에서 5로 나누어지는 수가 짝수, 즉 10의 배수인 경우에 대하여 증명하였고, 9월에는 르장드르가 $n=5$일 때 나머지 경우도 증명하여, $n=5$인 경우는 완전히 증명이 끝났다. 또한, 1832년에 디리클레는 $n=5$인 경우의 증명을 이용하여, $n=14$인 경우에 대해서도 증명하였다.

그의 주요 저서인 《정수론으로의 미분적분학의 여러 응용에 관한 연구》(1839)는 오늘날의 해석적 정수론의 기원이 되었다. 그 외에도 푸리에급수를 사용하여 함수의 근대적 개념을 정립하였으며, 경곗값 문제에서는 이른바 디리클레의 문제를 다루어 퍼텐셜론(potential theory)을 정밀화하는 등 여러 방면에 업적을 남겼다. 또한, 편미분방정식과 주기 급수, 정적분, 정수론 분야에 대해서도 연구하였다. 디리클레는 당시만 해도 서로 무관한 분야였던 정수론과 응용수학 분야를 이어주기도 하였다.

디리클레는 디리클레 급수, 디리클레 함수, 디리클레 적분 등의 수학 용어에 그의 이름을 남겼고, 디리클레 경곗값 문제, 디리클레 조건 등 수리물리학 분야에도 토대를 제공하여 수학의 응용 분야를 발전시켰다. 그러나 그의 사망으로 인해, 가우스의 연구를 이어 받아 완성하려는 뜻은 이루지 못하였다. 또한, 디리클레는 프랑스어와 독일어를 잘 구사하여, 두 나라 사이의 수학적 교류에도 큰 기여를 하였다. 그는 뛰어난 선생님이자 강의를 잘하기로 유명하여 독일의 각 대학에서는 그의 강의를 본받고자 하였다.

디리클레 급수는 등차수열의 항 중에는 무수히 많은 소수가 존재함을 증명하는 데에 사용된 급수이다. a와 b가 서로소인 자연수일 때, a, $a+b$, $a+2b$, ...인 등차수열은 무수히 많은 소수를 포함한다는 등차수열의 정리는 오래 전부터 예상된 것이었지만, 최초로 이를 증명한 사람은 디리클레였다. 그는 디리클레 급수를 사용하여 해석적인 방법으로 증명하였다. 이 무한급수는 실변수 x의 함수로서 다음과 같은 형태의 급수를 말한다.

$$f(x) = \frac{a_1}{1^x} + \frac{a_2}{2^x} + \frac{a_3}{3^x} + \cdots + \frac{a_n}{n^x} + \cdots$$

'비둘기 집의 원리(pigeonhole principle)'는 디리클레가 공식화한 것으로, 사물과 사물 사이에 존재하는 양적 관계에 대한 일종의 법칙을 밝히는 간단한 수학적 원리로서 수학 문제를 해결하는 유용한 수단이 된다. 비둘기 집의 원리는 조합론 분야에서 중요한 기본정리 중의 하나로서

> "$(n+1)$ 마리의 비둘기가 n개의 비둘기 집에 들어간다면, 적어도 2마리의 비둘기는 같은 집에 들어가야 한다."

는 것이다. 비둘기 집의 원리는 디리클리의 이름에서 디리클리의 원리, 혹은 서랍의 원리라 불리기도 한다. 이 원리의 증명은 간단하다. 만약 이 원리의 결론이 성립하지 않는다면, 각 비둘기 집에는 단지 한 마리의 비둘기만 들어가거나 아니면 한 마리도 들어가지 않아야 하는데, 이 경우 $(n+1)$마리의 비둘기가 모두 비둘기 집에 들어갈 수 없으므로 모순이다.

이 비둘기 집의 원리를 일반화하여

> "m개의 원소를 n개의 집합으로 나누면, 적당한 수 k에 대하여 k개 이상의 원소를 가지는 집합이 적어도 하나 존재한다."

로 나타낼 수 있다. 이때, m이 n으로 나누어떨어지면 $k=m/n$으로 주어지고, m이 n으로 나누어떨어지지 않으면 $k=[m/n]+1$이 된다. 여기서, $[x]$는 가우스 기호로 x를 넘지 않는 최대의 정수를 나타낸다.

이제, '비둘기 집의 원리'를 구체적인 상황에 적용해 보자.
대표적인 예로

> "임의의 서로 다른 11개의 자연수 중에는 두 수의 차가 10의 배수가 되는 짝이 적어도 한 쌍이 있음을 보여라."

라는 문제와

> "8명의 학생 중에는 생일의 요일이 같은 학생은 반드시 2명 이상 있음을 보여라."

라고 하는 문제는 아주 간단하게 설명할 수 있다. 다음으로

> "25명의 학생 중에서 적어도 3명은 같은 달에 태어났음을 증명해보아라."

라는 문제를 푼다고 할 때, 비둘기 집에 해당하는 것은 달의 수, 즉 12개의 비둘기 집이 있고, 비둘기는 학생들, 즉 25가 비둘기 수에 해당한다. 일반화된 비둘기 집의 원리에 의해서, 25는 12로 나누어떨어지지 않고 $[25/12]+1=3$이므로, 적어도 3명은 같은 달에 태어났다는 것이 증명된다.

비둘기 집의 원리

다음의 흥미 있는 문제를 '비둘기 집의 원리'를 이용하여 풀어보자.

한 변의 길이가 1센티미터인 정육각형 안에 임의로 7개의 점을 찍으면, 이들 가운데 두 점 사이의 거리가 1센티미터 이하인 것이 적어도 한 쌍이 있음을 보이자. 다음 그림과 같이 정육각형을 한 변의 길이가 1센티미터인 6개의 정삼각형으로 나누면, 비둘기 집의 원리에 의해 적어도 하나의 정삼각형에는 2개 이상의 점이 들어가야 한다.

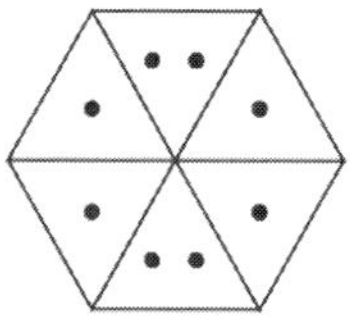

따라서 같은 삼각형 안에 있는 두 점 사이의 거리는 1센티미터 이하가 된다.

또한, 한 변의 길이가 2인 정사각형에 5개의 점이 있으면, 두 점 사이의 거리가 $\sqrt{2}$ 보다 작은 점이 반드시 존재한다는 것을 다음 그림을 이용하면 쉽게 보일 수 있다.

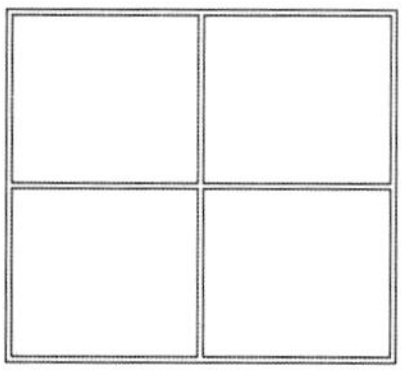

결투로 목숨을 잃은 갈루아

(Evariste Galois, 1811년~1832년)

1811년 파리 근교에서 태어난 갈루아는 21세의 젊은 나이로 사망한 프랑스의 천재 수학자이다. 그의 아버지 니콜라스 가브리엘 갈루아는 기숙사 사감이었는데, 아들이 태어나자 기쁜 마음에 출생신고를 위해 출생한 이튿날 시장실로 데려갔다고 한다. 갈루아의 가족은 화목하였고, 이웃들의 존경을 받았으며, 갈루아가 태어난 지 얼마 되지 않아 아버지는 시장으로 선출되었다. 갈루아는 12세 되던 해, 볼테르와 빅토르 위고가 졸업한 루이 르 그랑 기숙학교에 합격하여 입학하였다.

이 기숙학교는 시설도 형편없었으며, 기숙사에서는 매일 아침 5시 30분에 일어나야만 했고, 규율도 매우 엄격하였다. 수업은 아침 일찍부터 저녁까지 계속되었는데, 라틴어와 고전에 지나치게 편중되어 있었다. 학교에서는 라틴어만 유창하게 읽고 쓸 수 있으면 모든 교육이 이루어지는 것으로 생각하는 것 같았다. 대부분의 학생들은 기숙학교의 제도에 쉽게 적응하지 못하였으며, 학교와 교사에 대한 학생들의 분노는 커져만 갔다. 결국 갈루아가 입학하던 해에 학생들이 수업시간에 교과서, 문법책 등을 선생님의 머리에 던지면서 폭동이 일어났다. 그로 인해, 폭동을 주도한 40명의 학생은 퇴학을 당하였다. 다음 해에도 따분한 라틴어의 문법 공부를 반복하도록 강요당하지만, 갈루아는 수학을 선택하여 기하학반에 들어갔다. 이것이 수학에 대한 갈루아의 첫 입문이었다.

갈루아는 2년 과정의 기하학 책을 이틀 만에 독파하고, 공리와 정리의 아름답고 합리적인 구조에 매혹되었다. 또한, 도서관에서 대수학에 관한 책도 구하여 읽었다. 대수학은 기하학처럼 우아하지도 않았고 완전하지도 않았기 때문에, 갈루아는 그러한 문제점을 해결하고자 하였다. 1년의 수학 교육과정도 다 받지 못했지만, 그는 카르다노 이후에 수학자들을 난처하게 했던 5차 이상의 방정식에 대한 해법을 연구하고 있었다. 비록 증명은 하지 못하였지만, 5차방정식의 근의 공식은 2차방정식에서와 같은 근호로서 해결할 수 없다는 결론을 내렸다. 그리고 이러한 방정식들을 일률적으로 풀 수 있는지에 관한 보다 근본적인 문제에 관심을 가지기 시작했다.

갈루아는 1828년 중학생 때, 종합기술대학인 에꼴 폴리테크니크에 2번이나 응시하였으나, 수학에 대한 갈루아의 천재성을 이해하지 못한 심사관들로 인해 합격하지 못하고 사범학교인 에콜 노르말 쉬페리외르에 입학하였다. 1829년 방정식에 관한 논문을 프랑스 학술원에 제출하였는데, 심사위원인 코시가 그의 논문을 잃어버렸다고 한다. 그 후에도 〈방정식의 일반해에 대하여〉라는 논문을 학술원에 보냈는데,

이번에는 심사위원인 푸리에가 갑자기 사망하여 논문이 행방불명되고 말았다. 심혈을 기울여 쓴 논문을 두 번이나 잃어버린 갈루아는 매우 화가 치밀어 사범학교에서 정치 활동에 열중하였다고 한다.

이즈음, 1829년 양심적이고 정의감이 강했던 갈루아의 아버지는 마을의 한 신부가 시장으로 있던 그를 향해 악의적으로 던진 독설을 감당하지 못하고 자살하고 말았다. 아버지의 자살로 인해, 갈루아는 사회의 정의와 인간성에 대한 깊은 회의를 느끼고, 인생의 방향을 정하는 데에 큰 영향을 받게 된다. 갈루아는 1830년 프랑스 혁명에 가담하여 사범학교에서 퇴학당하고, 루이스 필립스의 정부에 항거하는 운동에 참가했다가 투옥되었다. 1832년 콜레라에 걸려 가석방되었으나, 결투 신청을 받는다. 당시 프랑스에서는 결투가 법으로 금지되어 있었으나 비밀리에 행해지고 있었다. 갈루아의 결투를 둘러싼 비밀은 완전히 밝혀지지는 않았지만 여러 정황으로 미루어 연애 문제와 관련된 것으로 보고 있다. 갈루아는 결투하기 전날 밤에, 공화주의자인 친구들에게 다음과 같은 편지를 보내고 결투 끝에 사망하게 된다.

> 나는 두 사람으로부터 도전을 받았고, 그 도전을 외면할 수가 없었다. 내가 미리 알리지 못한 것을 용서하기 바란다. 이는 그들이 다른 이에게는 알리지 말라고 요구했기 때문이다. 당신에게 바라는 것은 내가 본의 아니게 싸우고 있음을 알려 달라는 것이다.

또 다른 편지에서는 다음과 같이 적고 있다.

> 나는 수치스럽게도 바람둥이 여자의 희생물로 죽는다. 내 생활은 비참한 중상모략의 한 조각 속에서 사라져 버린다. 아! 나는 도대체 그렇게 보잘 것 없고 치사한 것 때문에 죽어야 한단 말인가!

몇 통의 편지로 친구들에게 작별을 고한 갈루아는, 일생 동안 생각했던 수학에 대한 연구 결과들을 하룻밤에 쏟아내어 글로 작성하기 시작했다. 아마도 그는 마지막을 앞두고, 엄청난 고뇌 속에서도 자신이 연구한 내용들을 기록으로 남기고자 하였을 것이다. 그의 모든 이론을 기록하기에는 시간이 턱없이 부족하였을 것이다. 시간에 쫓긴 갈루아는 여백에 미완성된 증명을 적어놓기도 하였다. 그가 남긴 놀랄 만한 수학에 대한 업적은 결투하기 전, 친구 슈발리에에게 전해진다. 이렇게 남긴 갈루아의 개략적인 연구 결과는 또 다른 유고 논문과 함께 조셉 루이빌(Liouville)이 정리하여 1846년 갈루아의 이름으로 〈순수 및 응용수학지〉 제11권에 게재되었다. 이로써 반항적 공화주의자 갈루아가 19세기의 위대한 수학자의 한 사람으로 역사에 남게 되었다. 말하자면, 그는 너무 일찍 태어났던 것이다. 그중에는 오늘날 군(group)으로 불리고 있는 이론에 의해 방정식을 대수학적으로 풀이할 수 있는 조건을 구한 '갈루아의 이론'은 아주 유명하다. 후세의 사학자들은 다음과 같이 말하고 있다.

"아벨은 가난이 죽였고, 갈루아는 온 세상의 바보들이 학살하였다."

갈루아의 결투

1832년 5월 30일 이른 새벽, 갈루아는 25발짝 건너에서 쏜 권총 탄환에 맞아 쓰러졌다. 아무도 돌봐주는 사람 없이 버려져 있다가, 9시경이 되어서야 지나가던 농부가 병원으로 옮겼다. 동생 한 사람만이 그의 죽음의 자리를 지켰는데, 울부짖는 동생에게 갈루아는 "울지 말라. 나는 20살에 죽기 위한 정신적 용기가 필요해."라고 했다가, 마지막 숨이 넘어갈 때는 "경찰이 나를 공격하여 죽였다."고 말했다고 한다. 이것이 진실인지, 아니면 단지 종교적인 박해로 죽었는지 정확히 알 수는 없다. 그 이튿날 새벽에 그는 죽었고, 3,000 여명의 사람들이 공화주의의 희생자인 갈루아에게 경의를 표하기 위해 장례식에 참석하였다. 그는 공동묘지에 묻혔는데, 묘지의 정확한 위치는 알려져 있지 않다.

리만기하학을 정립한 리만

(Georg Friedrich Riemann, 1826년~1866년)

리만은 독일의 수학자로, 1826년 하노버에서 루터교 목사의 아들로 태어났다. 그는 어린 시절 수학과목에서 선생의 지도 능력을 넘어서는 급속한 발전을 보였고, 괴팅겐대학과 베를린대학에서 공부하였다. 1851년 괴팅겐대학에서 〈가변복소함수 일반론의 기초〉라는 논문으로 박사학위를 받고, 1854년 괴팅겐대학 강사와 조교수를 거쳐, 1859년 디리클레의 후임으로 교수가 되었다. 1862년 결혼하여 한동안 생활이 나아지기도 했으나, 결핵으로 인해 늑막염을 앓게 되어 건강은 점점 악화되었고 1866년 40세의 젊은 나이로 세상을 떠났다.

짧은 일생을 통해 그가 발표한 논문의 수는 적은 편이지만, 수학의 각 분야에서 획기적인 업적을 남겼다. 그는 수학의 다른 많은 영역과 복소함수론 사이에 광범위한 유사성이 있음을 보였으며, 복소함수의 기하학적인 이론의 기초를 닦았다. 1851년 학위논문에서, 그는 (x, y)평면을 (u, v)평면 위에 등각적으로 사상시켜, 한 평면 위의 임의의 단일연결영역이 다른 평면 위의 임의의 단일연결영역으로 변형될 수 있는 함수의 존재를 증명하였다.

또한, 그는 1854년 괴팅겐대학의 강사로서의 교직 인정을 위해 요구되었던 취임 강의를 준비했다. 수학사에서 가장 유명한 사건 중 하나인 이 강의는 '기하학의 기초를 형성하는 가설에 대하여'를 주제로 하였다. 그는 강의에서 리만적분을 정의하고, 삼각급수의 수렴에 관한 조건을 제시했는데, 이 적분의 정의는 함수가 적분된다는 것은 무엇을 의미하는지를 나타낸 것이었다. 수학자들은 2,000년 이상 유클리드기하학이 단 하나의 올바른 기하학이라 생각해 왔으나, 19세기가 되자 러시아의 로바체프스키에 의해 이와는 다른 비유클리드기하학이 탄생하였다. 그러나 리만은 이 강의를 통해, 유클리드기하학이나 비유클리드기하학과도 다른 새로운 리만기하학을 정립하였다. 이것은 아인슈타인에 의해 상대성 이론이 응용되면서, 그 중요성이 더욱 드러나게 되었다. 말년에는 베버의 영향을 받아, 이론 물리학에 흥미를 갖고 물리학에서 사용되는 편미분방정식에 관해서 강의하였는데, 이에 관한 내용은 그가 죽은 뒤 베버에 의해 출판되었다.

리만의 영향력은 리만함수론 접근법, 대수함수에 대한 리만-로흐 정리, 리만곡면, 리만사상 정리, 리만적분, 삼각함수 적분에 관한 리만-르베그 정리, 리만기하학, 리만곡률, 아벨 함수론에서 리만행렬, 리만 제타함수, 리만 가설, 쌍곡 편미분방정식을 푸는 리만법, 분수 차수의 리만-리우빌적분 등 그의 이름이 들어간 이론들만 보더라도 가히 짐작할 수 있을 것이다.

리만 가설에 앞서 제타함수에 대해 알아보자. 오일러-리만 제타함수는 다음과 같이 정의된 함수를 말한다.

$$\zeta(s) = 1 + \frac{1}{2^s} + \frac{1}{3^s} + \frac{1}{4^s} + \cdots$$

오일러는 풍부한 상상력으로, $\zeta(2) = \frac{\pi^2}{6}$, $\zeta(4) = \frac{\pi^4}{90}$, $\zeta(6) = \frac{\pi^6}{945}$ 등을 포함하여, 모든 n에 대해 $\zeta(2n)$의 값을 알아내었다. 괴팅겐대학의 리만은 거의 1세기 전에 오일러가 처음 연구하기 시작한 제타함수를 연구하고 있었다. 리만은 제타 함숫값이 일정한 수들은 어떤 일정한 규칙성을 가지고 있는지에 대해 조사했다. 그는 제타함수의 값을 0으로 하는 몇몇 수(여기서는 복소수를 말함)들은 모두 같은 복소평면 위의 직선 위에 있음을 발견했다. 또한, 제타함수는 소수와 밀접한 관계를 가지고 있으므로, 그는 '제타함수의 값이 0이 되게 하는 수들 사이에 숨은 규칙이 있다면, 소수들 사이에도 어떤 규칙이 있는 것은 아닐까?' 하고 생각했다.

리만은 자신이 발견한 제타함수의 값을 0으로 하는 수들을 바탕으로, 제타함수의 값이 0이 되게 하는 모든 가능한 수들이 같은 직선 위에 있을 것이라고 추정했다. 즉

> "제타함수의 값을 0으로 만드는 수는 같은 직선에서 절대로 벗어나지 않는다."

는 것을 '리만 가설(Riemannian conjecture)'이라 부른다. 여기서 직선은 복소평면 위의 직선을 말하며, 직선에서 벗어나지 않는다는 것은 모든 수가 실수부가 0.5인 직선 위에 있음을 뜻한다. 만약 이 가설이 옳다면 그것은 소수 안에 들어 있을지도 모를 규칙성과 관련된

신비를 벗겨낼 수 있을 것이다. 불행히도 우리는 그것을 알 수 없다. 리만이 이에 대한 증명을 가지고 있었을 가능성은 있다. 하지만, 완전하지 않다고 생각되면 어떤 연구도 발표하지 않았던 그는 이 가설에 대한 증명 역시 발표하지 않았다.

리만은 1900년에 페르시아 청중을 상대로 한 연설에서 새로운 세기에 수학자들이 해결해야 할 10가지 가장 중요한 문제를 제시했다. 그 이후에 13문제를 추가하여, '힐베르트의 문제들'로 알려진 목록을 출판하였는데, 리만 가설을 증명하는 문제는 이 목록에서 8번째로 수록되어 있다. 그 후 수십 년 동안 힐베르트의 문제들 중 많은 문제들이 발전된 수학에 의해 해결되었으나, 리만 가설의 증명은 여전히 수학이 해결해야 할 중요한 과제로 남아 있다. 그간에도 리만 가설이 언젠가 증명될 것이라는 가정하에, 수학 분야에서는 다른 많은 진전이 이루어졌다. 고성능의 컴퓨터들은 리만 제타 함숫값이 0이 되게 하는 수십 억의 입력 값들이 모두 직선 위에 있음을 보여주었다. 하지만, 그렇지 않은 입력 값을 하나만 발견해도 현대수학을 지탱하고 있는 많은 기초가 무너질 것이다. 리만 가설의 증명은 이처럼 중요한 문제이기 때문에, 매사추세츠에 있는 클레이 수학연구소는 이 문제를 증명하는 사람에게 100만 달러를 주겠다고 상금을 내걸었다.

가우스 곡면상의 기하학에서는 등장인 곡면에 대한 공통인 성질, 즉 3차원 유클리드공간 내에서만 생각하고 있었으나, 리만은 1854년 자신의 복소함수론과 물리학 연구에 근거하여 2차 미분형식 ds^2 만에 의한 공간을 정의하고, 일반적인 n차원으로 확장하여 이를 추상화하였다. 이것이 n차원 유클리드공간에서 n차원 리만공간으로의 확장이고, 이를 다루는 기하학이 리만기하학(Riemannian geometry)이다. 리만기하학은 타원적 비유클리드기하학이라고도 하며 구면기하학으로 표현된다. 구면상에서 대심점을 동일시하고 대원을 직선으로 생각한다. 즉, 구면상의 두 직선은 대원이므로 반드시 만난다. 따라서

"직선 밖의 한 점을 지나, 이 직선에 평행한 직선은 존재하지 않는다."

라고 하는 타원공리를 인정한다. 리만기하학은 미분기하학, 텐서기하학 등에 폭넓게 응용되고 있어 현재도 많은 연구가 진행되고 있다.

리만적분

리만적분은 고등학교 과정의 구분구적법을 발전시킨 것으로, 적분 구간을 등분할 필요 없이 임의의 구간으로 나누고, 각 구간에서 직사각형의 높이를 취할 때도 구간의 끝점이 아니라 임의의 점에서의 함숫값을 취한다. 즉, 리만적분은 다음과 같이 정의한다.

함수 $f(x)$가 구간 $[a, b]$에서 연속이라 가정하자. $[a, b]$의 한 분할

$$a = x_0 < x_1 < x_2 < \cdots < x_{n-1} < x_n = b$$

에 대하여, 각 구간 $[x_{i-1}, x_i]$에서 임의의 점 x_i^*를 택하고 $\Delta x_i = x_i - x_{i-1}$라 두었을 때

$$\lim_{\max \Delta x_i \to 0} \sum_{i=1}^{n} f(x_i^*) \Delta x_i$$

를 $x=a$에서 b까지 $f(x)$의 리만적분(Riemannian integral)이라 한다.

스물아홉 번째 수학자 이야기

집합론의 창시자 칸토어

(Georg Cantor, 1845년~1918년)

중등학교는 물론, 대학 교양수학 교재의 대부분은 집합에 대한 내용에서 출발한다. 이는 수학이 집합에서 출발하여 발달되었기 때문도 아니고, 집합의 내용이 가장 쉬워서도 아니다. 집합은 우리가 공부하는 현대수학에서 가장 기본적인 내용이기 때문이다. 이렇게 중요한 집합을 체계화하고 무한 세계의 문을 활짝 열어준 사람이 칸토어이다.

칸토어는 1845년 유태계 덴마크인인 사업가의 아들로 러시아 상트페테르부르크에서 태어났다. 1856년 독일의 프랑크푸르트로 이주하여, 15세 때 고등학교에 입학하였다. 이러한 연고로, 덴마크, 러시아, 독일, 이스라엘이 모두 칸토어를 자기 나라 사람으로 주장하고 있다.

17세 때, 스위스의 취리히대학에 입학하였고, 1863년에 아버지가 사망하자 독일로 돌아와 베를린대학에서 수학, 철학과 물리학을 공부하였다. 칸토어는 쿰머(Kummer)에게 해석학을 배웠고, 크로네커(Kronecker)에게 정수론을 배웠으며, 1867년에 가우스가 남긴 정수론에 대한 문제를 해결하여 박사학위를 받았다. 베를린에서 여학교 교사로 잠시 일한 뒤, 1869년에 할레대학으로 옮겨 1879년에는 교수가 되었다. 할레대학의 동료 하이네(Heine)는 푸리에급수를 연구하고 있었는데, 그의 도움으로 칸토어는 푸리에 급수의 일의성에 관한 연구 결과를 27세인 1872년에 논문으로 발표하였다. 이는 뒤에 그의 초한집합론의 기본이 되었다. 즉, 여기에서 무리수를 유리수열의 극한으로 정의하여 그것을 실직선 위에 표시할 수 있음을 보였던 것이다.

두 집합 사이에 일대일 대응이 가능하면, 두 집합은 대등(equipotent)하다고 한다. 일반적으로, 무한집합은 원소가 무한히 많은 집합이라고 말하지만, 어느 정도 많아야 무한집합이라고 할 수 있을지 명확하지 않다. 그래서 무한집합은 다음과 같이 정의한다.

집합 A의 한 진부분집합 B에 대하여, A와 B가 대등하다면, A를 무한집합(infinite set)이라 한다. 즉, 한 집합이 무한집합이라 함은 자신의 진부분집합과 일대일 대응이 가능할 때를 의미한다. 예로, 모든 자연수 집합 N과 짝수 집합 E를 생각하면 E는 N의 진부분집합이고

$$f: N \to E, \ \ f(n) = 2n$$

으로 정의된 함수 f는 일대일 대응이다. 따라서 자연수 집합은 무한집합이다. 다음으로, 정수 집합 Z도 다음과 같이 함수 $f: N \to Z$를 정의하면, f는 일대일 대응이 되므로, 정수 집합도 무한집합임을 알

수 있다.

$$f(n)=\begin{cases}\dfrac{n}{2} & (n\text{이 짝수})\\ \dfrac{1-n}{2} & (n\text{이 홀수})\end{cases}$$

우리는 주어진 집합의 원소의 개수를 그 집합의 기수(cardinal number)라고 한다. 유한집합의 경우에 기수는 하나의 자연수로 표시되지만 무한집합의 경우는 그렇지 못하다. 그래서 자연수 집합과 대등인 무한집합의 기수를 $\aleph_0$(알레프 제로), 실수 집합과 대등인 무한집합의 기수는 $\aleph_1$(알레프 원)이라고 정의한다. 앞에서 설명한 바와 같이, 짝수 집합, 자연수 집합, 정수 집합은 물론, 유리수 집합까지 서로 대등함을 보일 수 있다. 따라서 이 집합들의 기수는 모두 $\aleph_0$이다. 반면에, 실수 집합은 자연수 집합보다 더 큰 상위의 무한집합임이 알려져 있다. 또한, 칸토어는 이전에 보지 못했던 무한에 대한 다음의 새로운 연산 결과도 보여주었다.

$$\aleph_0+\aleph_0=\aleph_0, \quad \aleph_0\times\aleph_0=\aleph_0$$

수학자들과 철학자들은 오래전부터 무한의 개념에 대해 명확하지 못하였다. 갈릴레이는 무한을 '본성상 우리가 이해할 수 없는 것'이라 했고, 가우스는 어느 수학자에게 보낸 편지에

> "나는 무한이라는 양을 실제적인 것으로 사용하는 것을 반대하네. 수학에서 그런 용법이 허용된 적이 없고, 무한은 단지 말하는 방법에 지나지 않네."

라고 적었다. 칸토어는 무한에 대해 구체적으로 논의했을 뿐만 아니

라, 무한에도 크기가 있으며 그 개념을 수학적으로 다루었던 것이다.

그러나 무한을 배격하던 당시의 철학에 따라, 그의 업적은 인정받지 못하였다. 같은 해에 데데킨트(Dedekind, 1831~1916)도 무한집합에 근거를 두고 연속체를 논하였는데, 유리수가 조밀하기는 하지만 실직선 위에 무수히 많은 무리수가 놓여 있다는 것이었다. 이에 대하여, 칸토어는 유리수와 대수적 수는 가부번이고, 실수는 비가부번임을 1874년 당시 가장 권위 있던 크렐레(Crelle)의 잡지에 발표하였다. 여기서, 대수적 수(algebraic number)는 계수가 유리수인 다항식의 해가 되는 복소수를 뜻하며, 가부번집합(denumerable set)은 유한이거나 자연수 집합과 대등한 집합을, 비가부번집합(undenumerable set)은 자연수 집합과 대등하지 않은 무한집합을 의미한다.

1874년 8월, 칸토어는 결혼하여, 여름을 스위스의 하르츠산맥에서 보내게 되는데, 그때 데데킨트를 만나게 된다. 이때, 같이 논의한 문제를 1877년에 칸토어가 해결하여 데데킨트에게 알려주는데, 그 내용은 모든 유클리드공간이 서로 대등하다는 것이었다. 이 결과를 크렐레의 잡지에 보냈으나, 그의 스승이었던 편집위원 크로네커(Kronecker)의 반대로 발표가 지연되다가 그 이듬해에 출간되었다. 당시 베를린대학의 교수였던 크로네커는 무한집합론을 종교와 수학에 대한 중대한 도전으로 받아들이고, 칸토어를 향해

뭐라고? 무한을 계산하겠다고? 미친 것 아닌가?

라며 공격을 퍼부었다고 한다. 크로네커는 칸토어의 논문 발표를 방해하였음은 물론, 그가 베를린대학으로 옮기려는 소망도 짓밟아버렸

다. 크로네커와 칸토어의 대립은 철학의 차이로, 크로네커가 직관주의자인 반면에 칸토어는 형식주의를 따랐기 때문이기도 하다.

칸토어는 1878년, 집합에 기수 개념을 도입하고, 5년에 걸쳐 집합론을 체계화했으며, 그중에는 일반위상수학의 기초가 되는 여러 연구들도 포함되어 있다. 1883년에는 유명한 '칸토어의 집합'과 '연속체 가설'에 관한 논문을 발표하였다. 칸토어의 혁명적인 무한집합에 관한 연구는 당시의 학계에 격렬한 논쟁을 불러일으켰다. 이로 인해, 1884년부터 정신장애를 일으켜 정신병원에 입원하게 된다. 그런 중에도 그의 업적은 점차 수학계에 큰 영향을 주기 시작했으며, 독일 수학자협회의 창립과 함께 의장이 되었고, 제1회 세계수학자대회(1897)를 취리히에서 개최하는 데에 공헌하였다.

1900년을 전후하여, 칸토어는 여러 외국 학술원이나 학회의 명예회원으로 추대되는 등 영예를 누렸으나, 정신질환이 재발하여 1905년에 휴직하였다가 1913년에는 퇴직하였다. 1915년 70회 생일에는 제1차 세계대전 중이었음에도 독일 수학자들이 축하회를 열어 주었으며, 그로부터 3년 후 할레의 정신병원에서 사망하였다.

이제, '칸토어 집합'에 대해 알아보자.

길이가 1인 선분에서, 먼저 $\frac{1}{3}$부터 $\frac{2}{3}$까지 $\frac{1}{3}$을 잘라낸 다음, 남은 $\frac{1}{3}$ 크기의 두 부분에 대해서도 각각 중앙의 $\frac{1}{3}$을 잘라내는 일을 계속하여 반복하면, 결과적으로 무수히 많은 점들이 남게 된다. 이를 '칸토어 집합(Cantor set)'이라고 한다.

칸토어의 집합에서 남아 있는 구간의 길이를 구해보도록 하자. 다음 그림에서와 같이, 0단계인 원래 구간의 길이는 1이고, 1단계에서는 가운데의 $\frac{1}{3}$을 잘라내었으므로, 남아 있는 구간은 2개이고 구간의 총길이는 $\frac{2}{3}$이다. 2단계에서는 길이가 $\frac{1}{3}$인 구간 2개에서 각각 $\frac{1}{3^2}$을 잘라내므로 남아 있는 구간은 4개이고 구간의 총길이는 $\left(\frac{2}{3}\right)^2$이다. 이를 일반화하면, n단계에 남아 있는 구간의 개수는 2^n개이고 남아 있는 구간의 총길이는 $\left(\frac{2}{3}\right)^n$임을 알 수 있다.

연속체 가설

서로 대등한 무한집합인 자연수, 정수 및 유리수 집합의 기수는 $\aleph_0$, 실수와 복소수 집합의 기수는 $\aleph_1$이다. 그렇다면, $\aleph_1$보다 기수가 큰 집합은 없을까? 집합론에서 칸토어는 주어진 집합의 모든 부분집합으로 이루어진 집합, 즉 멱집합의 기수는 원래 집합의 기수보다 크다는 것을 증명하였다.

실제로, 유한집합 A의 원소의 개수가 n개이면, A의 멱집합의 원소의 개수는 2^n개이다. 따라서 실수의 멱집합의 기수는 $\aleph_1$보다 크므로, $\aleph_2$로 나타낸다. 이와 같은 방법으로, 계속하여 집합을 만들어 가면 얼마든지 큰 기수도 만들 수 있다. 그러면, 이들 "무한집합의 기수인 $\aleph_0$, $\aleph_1$, $\aleph_2$ 등의 사이에는 또 다른 기수가 존재하는가?"라는 물음에 "존재하지 않는다"고 답하는 것이 '연속체 가설(conti- nuum hypothesis)'이다. 따라서 기수는 다음의 연속된 대소 관계를 갖는다.

$$0 < 1 < 2 < \cdots < \aleph_0 < \aleph_1 < \aleph_2 < \cdots$$

프랑스 최고훈장을 받은 푸앵카레

(Henri Poincaré, 1854년~1912년)

푸앵카레는 1854년, 프랑스의 낭시에서 태어났다. 그는 어릴 적에, 말도 잘 하지 못했고 몸도 약했으며 지독한 근시였다. 기술자가 되는 것이 꿈이었던 푸앵카레는 1873년에 종합기술대학인 에콜 폴리테크니크에 진학하였다. 그는 대중적으로 잘 알려진 과학서적부터 여러 분야의 고급서적까지 폭넓은 독서를 하였다. 그의 기억력은 대단하였으며, 그가 읽은 많은 책으로부터 얻은 학습 내용을 서로 연결함으로써, 더 많은 지식을 쌓게 되었다.

푸앵카레는 에콜 폴리테크니크를 졸업한 후, 1879년 파리대학에서 에르미트(Hermite, 1822~1901)에게 가르침을 받아, 미분방정식으로 정의되는 함수의 특성을 주제로 논문을 제출하여 박사학위를 받았다. 학위논문 심사위원들은 그의 논문심사 결과를 다음과 같이 보고하였다고 한다.

학위논문에는 약간 혼동되는 부분도 있고, 저자는 자신의 생각을 간단하고 명확한 방법으로 표현하지 못하고 있다. 그럼에도 불구하고, 주제가 대단히 어렵고 그가 보여준 능력을 감안해서 교수진은 푸앵카레에게 모든 혜택과 함께 박사학위 수여를 추천한다.

그 후, 캉대학의 교수로 재직하다가, 1881년에 프랑스 소르본대학의 천문학교수로 옮기게 된다. 1887년에 푸앵카레는 32세에 프랑스 과학원 회원에 선출되었고, 1906년부터는 회장을 역임하였다. 그는 여러 분야에서 연구를 수행하여 기하학, 역학, 물리학, 지질학과 항해위원회 등 5개 분야에서 과학원 회원으로 선출된 유일한 사람이 되었다. 1908년에 프랑스 한림원의 회원이 되었다가, 사망한 해인 1912년에는 한림원 원장이 되었다. 또한, 프랑스 최고훈장인 레종 드뇌르 훈장을 받았다. 푸앵카레는 그 시대의 수학계에서 막강한 영향력을 가지고 있었음에도, 자신의 학생을 두지 않아 자신의 수학교실은 세우지 않았다고 한다. 같은 시대의 많은 수학자들은 그의 연구 결과는 종종 활용하였지만, 그의 수학적 기법은 거의 사용하지 않았다.

푸앵카레는 과학의 이론은 편리성에 근거를 둔 '컨벤션(convention)'에 있다고 주장하였다. 수학의 진리는 경험과 선천적인 것에 호소하여 어느 쪽이 참인가를 결정하는 것이 아니라, 그 기본 명제는 단순한 규약이나 약속에 의해 성립된 것이다. 따라서 이러한 명제의 진위를 따지는 것은 미터법의 진위를 생각하는 것과 마찬가지로 의미가 없으며, 단지 우리가 응용할 때보다 편리한 쪽을 택하면 된다는 것이다. 그러나 규약이라고 하더라도 임의의 것이 아니라 응용되는 측면에 따라 스스로 규정되는 것이다. 예컨대, 수학이라면 그것이 응용되는 경험적 세계의 구조에 따라 규정된다. 마찬가지로 물리학 등 실험과학의 이론도 규약적 성격을 가지며, 이러한 과학의 고도 원리는 직접 실험으로 확인할 수 없는 것이므로 역시 규약이라 보아도 좋다. 이 컨벤셔널리즘(규약설 또는 편의주의)을 중심으로 하는 푸앵카레의 과학론은 현대에도 많은 영향력을 미치고 있다.

푸앵카레는 수학과 수리물리학, 천체역학 등의 분야에서 중요한 기본 원리를 확립하였다. 대수적 위상수학에서 호몰로지의 개념을 정의하였고, 이를 기반으로 '푸앵카레 가설'을 제기하였다. 천체 역학 분야에서는 궤도이론, 특히 태양, 달, 지구에 관한 삼체문제를 연구하여, 삼체문제를 일반화한 n체 문제의 연구를 제기하였다. 또한, '카오스(chaos)'라 불리는 현상을 최초로 발견하였는데, 푸앵카레는 행성의 운동에서도 카오스가 발생하므로 태양계는 불안정하다고 주장했다.

'푸앵카레 가설(Poincare conjecture)'은 '3차원에서 두 물체가 특정 성질을 공유하면, 두 물체는 같은 것'이라는 이론으로 수학의 난문제 가운데 하나이다. 즉, 어떤 하나의 밀폐된 3차원 공간에서 모든 폐곡선, 즉 하나의 점에서 시작해 다시 그 점으로 돌아오도록 이어지는 선이 압축되어 하나의 점이 될 수 있다면, 이 공간은 반드시 구면으로 변형될 수 있다는 것이다. 이는 미분방정식의 곡면 분류에 관심을 갖던 푸앵카레가 1904년의 논문에서

"단순 연결인 3차원 다양체는 구면과 같은 것인가?"

라는 문제를 제기하면서 비롯되었다. 여기서, 다양체란 국소적으로 유클리드 공간과 동형인 위상공간을 말한다. 즉, 국소적으로는 유클리드 공간과 동일하게 볼 수 있지만, 대역적으로는 독특한 위상 구조를 가질 수도 있다.

이 문제는 n차원 다양체까지 확장되었는데, 미국 캘리포니아대학 샌디에이고 분교의 수학교수 스메일(Smale)이 $n \geq 5$의 문제를 다양체의 특이점과 곡면 위상의 상태를 나타내는 양의 대응을 이용하여 위상동형임을 밝히는 데에 성공했다. 스메일은 그 공적으로 1966년 필즈상을 수상하였으며, 미국수학회에서는 베블린상, 미국응용수학회에서는 폰 노이만상 등을 수상한 금세기 대표적인 수학자이다. 1981년에는 캘리포니아대학 버클리 분교의 수학교수 프리드먼(Freedman)이 4차원 푸앵카레 가설을 해결하여, 역시 1986년 필즈상을 수상했다. 이러한 진전은 수학 문제는 차원이 높아질수록 어려워진다는 단순한 생각을 뒤엎었다는 점에서도 획기적이었다.

2000년 5월, 미국의 클레이 수학연구소는 이 '푸앵카레 가설'을 푸는 데에 100만 달러의 상금을 걸었고, 2003년에 러시아 태생의 페렐만(Perelman, 1966~)이 미분기하학의 도구를 이용하여 이 문제를 해결했다고 발표하였다. 이 문제를 푸는 데에 기초를 제공한 공로로, 페렐만은 2006년에 필즈상 수상자로 결정되었으나 수상을 거부해 화제가 되기도 하였다.

푸앵카레는 수학자로 명성을 얻은 뒤, 자신의 훌륭한 문학 재능으로 과학과 수학의 의미와 중대함을 일반 대중에게 알리는 데에 주력하였다. 과학 철학에 관심을 가졌던 그는 《과학과 가설》(1903), 《과학의 가치》(1905), 《과학과 방법》(1908) 등을 저술하였는데, 이 책들은 비전문가들에게도 폭넓게 읽혔다.

위상동형

위상동형사상이란 위상적 성질을 보존하는 동형사상이다. 또한, 두 위상공간 사이에 위상동형사상이 존재하면, 이들 두 위상공간은 서로 위상동형(homeomorphic)이라 한다. 즉, 위상 수학적 관점에서 위상동형인 두 공간은 서로 같은 공간임을 뜻한다. 간단히 말하면, 기하학적 물체를 찢거나 붙이지 않고 구부리거나 늘이는 방법으로 서로의 형태를 변형시킬 수 있으면 위상동형이 된다. 여기서, 위상동형사상이란 두 위상공간 사이에 연속인 일대일 대응이 있어서 그 역함수도 연속일 때를 말한다. 다음은 위상동형의 예이다.

(1) 평면에서 단위원과 정사각형

(2) 개구간 $(-1, 1)$과 실수 전체

(3) 두 원의 곱공간 $S^1 \times S^1$과 2차원 원환면(torus)

— 서른한 번째 수학자 이야기 —

20세기 대표 수학자 힐베르트

(David Hilbert, 1862년~1943년)

힐베르트는 1862년 독일의 쾨니히스베르크에서 프로이센 공무원의 가정에서 태어났다. 어머니는 철학, 천문학과 수학 등에 소양이 있었다. 고등학교 시절, 그는 무조건 외워야 하는 많은 과목들 때문에 공부하는 것을 힘들어했다. 후일

"고등학교 시절부터 수학을 좋아했느냐?"

는 물음에, 그는

"아니요. 나는 고등학교 학생일 때에는 수학 공부를 열심히 하지 않았습니다. 왜냐하면, 나는 나중에 어차피 수학을 공부할 수밖에 없으리라는 것을 알고 있었으니까요."

라고 답했다고 한다. 1880년에 쾨니히스베르크대학의 수학과에 입학하여 베버(Weber), 린데만(Lindemann) 등에게서 수학을 배웠다. 그 후, 쾨니히스베르크, 괴팅겐대학의 수학교수를 역임하였다.

힐베르트는 정수론, 불변식론 등을 연구하였으며, 1899년 《기하학 기초론》을 저술하여, 유클리드 원론의 방법을 철저하게 지키려는 형식주의를 주창하였다. 그는 힐베르트 공간론을 처음으로 만들어 적분 방정식론 분야에 공헌하는 등, 현대수학의 거의 모든 부분에 커다란 영향을 미쳤다. 또한, 칸토어의 집합론을 지지하고 대수적 정수론을 받아들였다. 그의 저서로는 《선형 적분방정식 범론》, 《논리학》 등이 있다.

힐베르트는 당시 뛰어난 수학자였던 호르비츠(Hurwitz, 1859~1919), 민코프스키(Minkowski, 1864~1909)와도 친하게 지내며, 수학에 관해 많은 의견을 나누었다. 특히, 두 사람은 힐베르트가 23개의 문제를 선정하는 데에 많은 조언을 하였으며, 강연 때에는 23개의 문제 가운데 10개만 발표하라고 충고하였다. 힐베르트는 그들의 의견을 받아들여 10개의 문제만 발표하였는데, 모든 내용이 중요했기 때문에 강연의 전체 내용이 곧 바로 여러 나라 언어로 번역되어 출판되었다.

괴델(Gödel, 1906~1978)의 불완전성으로 인해, 모든 수학적 진술의 증명 가능성을 밝히려는 힐베르트의 계획은 결정적으로 차질을 빚게 된다. 괴델의 증명은 20세기 자연과학을 특징짓는 다른 사건들과도 거의 완벽하게 일치한다. 플랑크는 자연의 불연속성을 증명했고, 하이젠베르크는 원자적 현실의 불확정성을 인식했다. 괴델의 불완전성과 맥락을 같이하는 이 모든 경향들은 19세기의 관점에서는 뜻밖이었지만, 과학에 좀 더 인간적인 차원을 부여하는 방향으로 나아간다. 법칙에 대한 지식이 체계의 발전을 예측할 수 없다면, 이는 결국 자유가 가능하다는 뜻이다.

아인슈타인 이후 물리학자들은 빛과 같은 미묘한 대상을 포괄적으로 이해하기 위해서는

"빛은 파동운동을 한다."

에 대해 그 반대인

"빛은 입자운동을 한다."

도 허용할 수밖에 없다는 인식을 통해서 불완전성을 받아들여야만 했다. 이로써 우리는 더 이상 빛이 무엇인지 말할 수 없게 된 셈이 되었지만, 이는 그 모든 사실들을 알고 난 뒤에도 빛이 우리에게 여전히 비밀스러운 것으로 남아 있게 되었다는 뜻이기도 하다. 힐베르트가 이런 비밀스러운 것들을 모두 제거하려고 노력하였음에 반해, 괴델은 비밀스러움을 다시 우리들에게 돌려주었던 것이다. 괴델 이후 사고는 지극히 논리적일 경우에도 여전히 예상치 못한 뜻밖의 경우를 허용하게 된다.

19세기 후반, 수학의 폭발적인 발전과 수학자들의 교류 증가로 수학에 관심을 갖는 사람들이 많아지면서 수학자들은 많이 늘어났지만, 어느 누구도 수학의 미래를 예측하지 못하였다. 수학의 미래를 짐작할 수 없다는 것은 어떤 문제가 수학적으로 의미가 있고 문명을 발전시키는 데에 필요한 문제인가를 판단할 수 없다는 뜻이다. 특히, 수학자들은 가우스가 죽자 두 번 다시 그런 인물이 태어나지 않을 것이라며 걱정하였지만, 얼마 후 프랑스의 푸앵카레와 독일의 힐베르트가 등장하면서 수학자들의 이러한 우려는 해결되었다.

1900년, 프랑스 파리에서 열린 세계수학자대회(ICM)에서는 그 당시 기하학의 기초 확립으로 유명하던 힐베르트에게 기념강연을 부탁하였다. 그는 당시에 복잡하게 얽혀서 갈 길을 찾지 못하고 있던 수학의 미래를 전망하는 강연을 하기로 결심했다. 그래서 수학뿐만 아니라 인류의 문명이 발전할 수 있을 것으로 예상되는 23개의 문제를 선택했다. 힐베르트는 자신이 선택한 23개의 문제가 다가오는 100년 동안 수학자들을 바쁘게 만들 것이며, 미래의 수학 발전에 방향을 제시할 것이라고 생각했다. 최근까지, 힐베르트가 제시한 문제 중에서 12개의 문제는 해결되었고, 나머지 11개의 문제는 부분적으로 해결되었거나 미해결 상태에 있다. 아직 해결되지 않은 문제를 해결하기 위한 수학자들의 도전은 지금도 계속되고 있으며, 이러한 도전을 통해 수학은 쉬지 않고 발전하고 있다.

힐베르트의 23개 문제는 수학에서 다루고 있는 각각의 전문분야에서 중요한 것만을 선별한 것이기 때문에, 일반인들이 그 내용을 이해하는 것은 쉽지 않다. 여기서는, 독자들이 한번쯤 들어 봤을 만한 2문제만 간단히 소개하려고 한다.

리만 가설(Riemannian conjecture)로 알려진 8번째 문제를 간단히 해석하면, "주어진 수보다 작은 소수들은 일정한 패턴을 가지고 있다."는 문제이다. 힐베르트는 이 문제가 해결되면 연속한 두 소수의 차가 2인 쌍둥이 소수의 쌍이 한없이 존재한다는 예상도 증명될 수 있을 것으로 생각하였다. 또한, 리만 가설이 참이면, 어떤 일이 벌어질까? 예로, 은행에 개설해 놓은 통장의 비밀번호나 인터넷에서 사용하는 각종 아이디와 패스워드가 대부분 소수를 이용해 만들어진다.

이와 같이, 소수를 이용한 암호방식인 공개키 암호방식은 매우 복잡하게 만들어져 있지만 그 원리는 다음과 같이 아주 간단하다.

> 두 개의 큰 소수 p, q를 비밀로 하고, 그 두 수의 곱 $n=p\times q$를 공개하는 방식이다. p, q가 각각 130자리 정도의 소수라면 현재의 계산 방법과 컴퓨터로 이 암호를 푸는 데 약 한 달이 걸리며, 각각 400자리이면 약 10억 년이 걸린다고 한다.

공개키 암호체계를 뚫을 수 있는 유일한 방법은 어떤 수를 빠르게 소인수분해하는 것인데, 소인수분해를 빠르게 하려면 먼저 어떤 수가 소수인지 아닌지를 알아야 한다. 이때, 리만 가설이 참이라면 소수인지 아닌지를 보다 더 빨리 판별할 수 있는 방법이 제공되는 것이므로, 소인수분해를 이용한 오늘날의 암호방식은 쉽게 뚫을 수 있을 것이다.

힐베르트의 18번째 문제는 합동인 다면체로 공간을 완전히 채우는 것이다. 이 문제는 영국의 항해 전문가인 월터 랠리로부터 시작되었다. 그는 1590년대 말 항해를 하기 위해 배에 짐을 싣던 중, 조수인 해리엇(Harriot)에게 배에 쌓여 있는 포탄 무더기의 모양만 보고 그 개수를 알아낼 수 있는 공식을 만들라고 주문했다. 수학자였던 해리엇은 특별한 모양으로 쌓여 있는 포탄의 개수를 계산하는 공식을 찾았다. 그는 더 나아가 배에 포탄을 최대한 실을 수 있는 방법을 찾으려고 했지만 해결하지는 못했다.

일반화된 공간

기하학에서 공간의 개념은 역사와 더불어 변천하였다. 처음에는 2차원 또는 3차원 유클리드공간이 그 대상이었으나, 《원론》에서 제시된 평행공리에 대한 의문에서 출발하여 그 공리를 바꾼 로바체프스키공간, 리만공간 등의 비유클리드공간이 탄생하였다. 한편, 데카르트가 해석기하학을 창안한 후, 유클리드공간이 수를 사용하여 해석적으로 표현되고 연구되었다.

이후, 공간은 해석학과 관계를 맺어, 해석학의 대상이 공간적으로 표현되기에 이르렀으며, 공간 개념이 확대되어 n차원 공간을 생각하게 되었다. 미분기하학의 대상은 보다 일반적인 리만공간이며, 이는 상대성이론에서도 사용된다. 비유클리드공간의 연구로 발전된 공간은 유클리드공간과 더불어 벡터공간론이 되고, 무한차원의 벡터공간으로 생각되었던 힐베르트공간은 양자역학의 연구에 필요불가결한 도구가 되었다.

수리철학의 창시자 러셀

(Bertrand Russell, 1872년~1970년)

러셀은 1872년 영국의 유명한 귀족 가문에서 태어났다. 귀족이기는 했지만 그의 가문은 반골 색채가 강했다. 그 또한 진보적인 언행으로 문제를 일으키곤 했다. 보수적인 영국 정치계에서 여성의 참정권을 적극 지지했을 뿐더러, 당시에는 차마 입에 담지 못할 민감한 문제였던 피임 허용을 지지했다가 구설수에 오르기도 했다. 러셀은 부모 복이 없었다. 2세 때 부모가 모두 질병으로 세상을 떠나자 형과 함께 할아버지 집에서 살아야 했다. 할아버지도 그로부터 2년 뒤에 사망해 러셀은 청교도적이고 엄격한 할머니의 보살핌을 받고 자랐다. 할머니 혼자 두 손자를 키워야 했지만, 명문 귀족 집안이었던 만큼 경제적으로는 풍족했다.

러셀은 당시 귀족 자제들이 그랬듯, 학교에 다니지 않고 저택과 자연 풍경 속에서 필요한 것을 가정교사로부터 배웠다. 그러나 러셀은 결코 행복하지 않았다. 엄격한 할머니와 함께 한적하기 짝이 없는 시골에서만 지내느라 외롭고 우울했던 것이다. 우울한 일상에 돌파구를 마련해 준 것은 형 프랭크였다. 프랭크는 러셀이 11세 무렵에 기하학을 가르쳐 주었다. 훗날 러셀은 이때의 경험을 "첫사랑처럼 짜릿했다."고 회상했다. 자신의 표현대로 러셀은 '예술처럼 화려한 장식도 없으면서 숭고할 만큼 순수하고 완벽한 아름다움을 갖춘 수학'의 세계에 정신없이 빠져 들었다.

12세 무렵, 할머니에게 《성경》을 선물받았는데, 성경 안쪽에

"다수를 따라 악을 행하지 말라(출애굽기 23장 2절)."

라는 성경 구절이 쓰여 있었다. 이는 러셀이 평생 동안 간직한 신조가 되었다. 그는 이 구절대로 정의롭지 못한 일에는 결코 동의하지 않았으며, 잘못된 일에는 과감하게 나서서 지적하곤 했다. 그런가 하면 자신의 잘못을 인정하는 데도 매우 솔직했다.

1890년, 러셀은 영국 최고의 명문인 케임브리지 트리니티대학에 장학생으로 입학했다. 이때, 그를 심사했던 교수는 유명한 철학자 화이트헤드(Whitehead, 1861~1947)였는데, 그는 러셀의 뛰어남을 첫눈에 알아보았다. 화이트헤드와 러셀의 만남은 말 그대로 역사적인 만남이었다. 자신이 간절히 원했던 수학을 공부하게 된 러셀은 매우 행복해하였으며, 처음 3년 동안 수학에 빠져 지내던 러셀은 대학을 졸업할 무렵에는 철학, 정치 등에도 관심을 갖게 되었고, 케임브리지의 뛰어난 벗들과 즐겁게 어울리면서 성격도 점차 사교적이고 활발하게 바뀌었다.

1893년, 22세의 나이로 대학을 졸업한 러셀은 졸업과 동시에 평생 동안 지속된 여성 편력이 시작되었다. 자신보다 5살 연상인 미국 여성과 결혼하겠다고 나선 것이다. 전통적인 영국 귀족인 러셀의 가족들은 미국인과의 결혼을 당연히 반대했다. 1894년, 그의 할머니는 두 사람을 떼어놓기 위해 러셀이 파리 주재 명예 외교관이 되도록 주선하였다. 화려한 파리 생활도 러셀의 사랑을 식히지 못해, 결국 두 사람은 모든 반대를 물리치고 결혼하게 된다. 때마침, 트리니티대학에서 상당한 금액의 연구비를 받게 되자, 러셀은 독일 베를린으로 이주하여 새로운 연구 활동을 시작했다.

1896년, 러셀은 독일 사회민주주의에 관한 최초의 저작을 출판하고, 학자적 삶을 넘어서 사회·정치적인 문제에 큰 관심을 갖고 현실에 뛰어들었다. 1907년과 1911년, 러셀은 두 차례에 걸쳐 의회 진출을 시도하지만, 당시로서는 매우 위험한 견해였던 여성의 참정권을 주장하거나 자신이 교회에 나가지 않을 것임을 숨기지 않아 두 번 모두 낙선하고 말았다. 왕성한 사회활동 중에도 러셀은 한편으로 수학과 철학에 대한 연구를 꾸준히 진행하였다. 1900년, 그는 파리에서 열린 국제철학회의에서 이탈리아의 기호논리학자 페아노(Peano, 1858~1932)를 만났다. 페아노는 수학을 논리학으로 환원할 수 있음을 역설했는데, 여기에서 러셀은 큰 영감을 얻었다. 얼마 후, 러셀은 '수학과 논리학은 동일함'을 주된 내용으로 한 《수학의 원리들》을 출판하였다.

그 후, 수학은 순수한 논리적 전제에서 나오며, 단지 논리적인 용어들로 정의 가능한 개념들만을 사용한다는 것을 보여 주기 위한 방대한 작업에 몰두하였다. 마침내 1910년, 화이트헤드와의 공저로 수학적 지식의 근본에 관한 기념비적인 저서 《수학 원리》를 완성하였다. 이 책으로 말미암아 수리철학이라는 새로운 분야가 열렸으며, 기호논리학이 학문의 새로운 방법으로 정착되었다. 복잡한 수식으로 가득 찬, 3권으로 구성된 두꺼운 이 책은 지금도 이해할 수 있는 독자가 거의 없을 정도로 어려운 책이다. 이에 따라, 케임브리지대학 출판부는 책이 팔리지 않아 손해 볼 것을 우려해 책을 출판하려고 하지 않았다. 결국, 이 책은 영국 왕립학회에서 비용의 일부를 대고, 저자 2명이 각자 50파운드씩 부담한다는 조건으로 겨우 출판할 수 있었다. 러셀은 역사에 남을 위대한 저서를 저술한 대가로 50파운드를 손해 보았던 셈이다. 하지만, 이 책의 가치는 학자들 사이에서 곧 인정받게 되고, 그는 35세의 젊은 나이에 왕립학회 회원으로 임명되었다. 러셀은 너무나 방대하고 엄청난 작업에 정신력을 소모한 나머지, 그 뒤로는 수학적인 저서를 거의 내지 못했다고 한다.

《수학 원리》의 명성에 힘입어 러셀은 트리니티대학의 논리학과 수학담당 교수가 되었다. 1914년에 제1차 세계대전이 일어나자, 그는 적극적으로 전쟁 반대 운동에 나섰고, 징병에 대한 반대 입장을 분명히 했다. 그 결과, 그는 대학에서 쫓겨났고 6개월간 감옥에 감금되었다. 그런 가운데서도 러셀은 순수철학과 수학에 대한 연구를 계속하였다. 감옥 속에서도 '논리적 원자론'을 발전시켰고, 명제를 분석하여 철학의 전통적인 존재 문제를 해결하려는 '기술 이론'을 개발하였다. 여기서 그는

"현재 프랑스 왕은 대머리이다."

라는 널리 알려진 예를 든다. 이 말은

첫째, "프랑스 왕이 있다."
둘째, "그는 대머리이다."

라는 두 명제가 결합된 것이다. 여기서, 첫 번째 주장은 대상의 존재를 나타내는데, 이것이 참이어야만 전체 명제가 의미를 가질 수 있다. 그런데 현재 프랑스 왕은 없으므로 주장 전체는 거짓이다.

한편으로, 러셀은 많은 사회활동으로도 이름을 날렸다. 그러나 쏟아지는 찬사만큼이나 비난 여론도 만만치 않았다. 이와 관련된 재미있는 이야기도 전해진다. 1920년, 러셀이 중국 베이징대학에서 강의하고 있을 때, 기관지염을 무척 심하게 앓은 적이 있었는데, 영국에서는 러셀이 죽었다는 헛소문이 돌았다. 러셀은 병이 다 나은 뒤, 어떤 종교 신문에서 자신의 죽음을 보도한 기사를 보았다. 기사에는 그에 대한 평가를 말해주듯

"우리가 러셀의 죽음에 안도의 한숨을 내쉰다 해도, 하나님께서는 기꺼이 우리를 용서해 주시리라."

고 쓰여 있었다. 그에게는 많은 염문설이 있었으며, 1921년에는 첫 부인과 이혼하고 두 번째 부인과 결혼하게 된다.

러셀은 두 번째 결혼으로 첫 아들을 얻었다. 아들의 교육을 위해 그는 자연스럽게 교육 문제에 관심을 가지고, 형의 시골집을 빌려서 20명 남짓의 학생들을 가르치는 작은 실험학교를 열었다. 교육에 관심이 많은 두 번째 부인도 학교 운영에 적극적으로 참여하였다. '규율 속의 자유'를 내세운, 아름다운 자연에 둘러싸인 이 학교는 재정난으로 인해 오래지 않아 문을 닫고 말았다. 1931년, 형이 죽으면서 러셀이 집안의 백

작 칭호를 상속받게 된다. 동시에 상당한 재산을 물려받았지만, 그가 운영하던 학교의 파탄을 막을 수는 없었다. 이 일로 두 번째 부인과 마찰을 빚게 되었고, 결국 이혼에 이르게 된다. 이듬해 그는 세 번째 부인과 결혼한 뒤, 미국으로 건너가 시카고대학, 캘리포니아대학, 뉴욕시립대학 등에서 강의를 했다.

그 와중에 제2차 세계대전이 발발하였다. 이번에도 그는 인류를 파멸시키는 전쟁에 맞서 격렬하게 투쟁했다. 나치의 반인륜적인 정치사상을 비판하면서 연합군을 강력히 지지했다. 러셀에게 이번 전쟁은 '정의를 위한 투쟁'이었다. 연합군 측은 러셀을 유용한 정치선전 수단으로 활용했고, 러셀은 어디를 가나 환영받고 최고의 대접을 받았다. 그는 방송에 나가서 재치 넘치고 설득력 있게 말하며 국민의 지지를 이끌어 내는 최고의 대중 문필가였다. 전쟁이 끝난 뒤, 냉전 체제에서도 러셀은 공산주의에 대한 반대 입장을 분명히 했다. 다른 사람들 같으면 모든 일을 정리할 나이에 핵무기 개발을 적극적으로 반대하면서 또다시 정부의 탄압을 받았다. 핵무기가 가져올 인류의 재앙을 끊임없이 경고하고, 핵무기 개발을 막기 위해 시민 불복종 운동을 펼친 탓에 그는 1962년, 90세의 나이에 또 다시 옥고를 치러야 했다.

러셀은 죽을 때까지 중단이라는 것을 모르는 사람이었다. 연애도 마찬가지였다. 1952년, 80세에 세 번째 부인과 이혼하고 40살 연하의 여성과 네 번째 결혼을 감행했다. 70여 권의 저서 중에서 20권은 80세 이후에 출판되었을 정도로 저술 활동을 계속하였으며, 1970년 98세의 나이로 눈을 감기 전까지 잔혹한 학살극이 될 것이 분명한 베트남 전쟁에 대한 반대 운동을 폈다. 옳지 않은 일에 끊임없이 문제를 제기하고 비판하는 철학자의 역할에 마지막까지 최선을 다한 것이다. 또한, 많은 재산을 물려받았으나 가난한 이웃과 사회기구를 후원하느라 버스표 한 장도 사기 어려운 생활을 하기도 했다. 그런가 하면, 이 가난한 수학자는 1950년 노벨 문학상을 받는 극적인 반전을 보이기도 했다. 굵직한 사회적 쟁점이 있는 곳이면 어디서나 러셀의 이름이 등장했고, 그에 대한 찬사와 비난은 엇갈렸다. 러셀은 수학자, 철학자이면서도 사회 활동가, 문필가, 방송인으로 더 많이 알려져 있기도 하다.

이제, 러셀의 논리적 역설에 대해 알아보자.

'러셀의 역설(Russel's Paradox)'은 그가 1901년 발견한 논리적 역설로, 칸토어의 소박한 집합론과 프레게(Frege, 1848~1925)의 논리 체계에 모순이 있음을 보여주는 예이다. 자기 자신을 원소로 갖지 않는 집합들로 이루어진 집합을 N이라 하자. 즉

$$N = A \mid A \notin A,\ A\text{는 집합}$$

이라 두면, 이때 집합 N은 N의 원소일까? 또는 아닐까? 여기서, N이 N의 원소가 아니면 N의 정의에 의해서 N의 원소가 되고, 만약 N이 N의 원소이면 정의에 의해 N의 원소가 아니므로, 두 경우 모두 모순이다.

우선 자기 자신을 원소로 포함하지 않는 집합을 찾아보자. 예를 들어, 한국인 전체의 집합을 K라고 하면, 분명 K는 K 자신의 원소가 아니다. 이와 같이, 자기 자신을 원소로 포함하지 않는 집합은 흔하며, 우리는 집합의 원소로 집합도 인정하므로, K와 같이 자기 스스로의 원소가 아닌 집합들을 원소로 갖는 집합을 일단 존재한다고 상상

할 수 있다. 문제는 이처럼 존재한다고 생각되는 집합에서 출구가 보이지 않는 역설이 발생한다는 점이다. 이로써, 러셀의 역설은 칸토어가 처음 제창한 집합론에 모순이 있음을 보여주었고, 집합론에서 수학의 기초를 확보하려고 시도한 프레게의 계획은 실패로 돌아갔다. 즉, 집합론을 포함한 논리학으로부터 수학의 기초를 확보할 수 있다는 프레게의 논리주의가 근본적으로 흔들리게 된 것이다.

러셀과 푸앵카레는 수학관 및 논리주의에 대해 자신들의 주장을 펴고, 상대방의 수학적 관점을 반박하였다. 그들 사이에 오고간 일련의 다툼은 1906년 초반부터 러셀의 마지막 답변이 있던 1910년까지 계속되었다. 그 당시 러셀은 30대였고 푸앵카레는 50대로, 두 사람은 자신의 분야에서 대단한 평가를 받고 있었기 때문에 서로에게 예의를 갖추어 대했으나, 지적인 비판의 자리에서는 결코 너그럽지 않았다. 오늘날에도 러셀의 논리주의를 둘러싸고 많은 논란이 있다. 어떤 수학자는

> "수학적 추론이 논리화될 수 있다는 논리주의자들의 주장과 그렇게 한다고 해도 수학적 엄밀함이 완벽하게 이루어질 수 없다는 반대 주장이 대립된다."

고 한다. 또 다른 수학자들은

> "논리주의는 너무 혼란스럽고 취약해서 이용가치가 거의 없다."

라거나

> "논리주의에 적절히 수정만 가하면, 활용할 수 있는 기법이 된다."

라고도 한다. 그럼에도 불구하고, 러셀의 논리주의는 수학, 철학, 언어

학 및 경제학과 현대에 와서는 컴퓨터 과학을 비롯한 다양한 분야의 발전을 이끌고 있다는 사실에는 논란의 여지가 거의 없다.

역설

역설을 의미하는 영어 패러독스(paradox)는 'para(넘어서)'와 'dox(진술)'이라는 어원을 가지고 있다. 표면적으로는 모순인 것 같지만, 진술 너머에서 진실을 드러내는 수사기법이다. 이처럼 표현된 것과 은폐하고 있는 표현의 구조가 반어와 유사하므로, 역설을 반어의 한 종류로 보기도 한다. 예로서, '지는 것이 이기는 것', '바쁠수록 돌아가라' 등이 이에 속한다.

집합의 기호를 사용하지 않고 러셀의 역설을 좀 더 쉽게 이해할 수 있도록, 그의 저서 《수리철학 입문》에 소개된 '마을 이발사의 역설'을 살펴보자.

> "어느 마을에 한 이발사가 있는데, 이 이발사는 스스로 면도하지 않는 사람은 모두 면도해 준다고 한다. 그러면, 이 이발사는 자기 스스로 면도하는가?"

만일 이발사 스스로 면도를 한다면 자신의 주장에 의해 이발사가 면도해 주는 대상에서 제외되어 자기가 면도해줄 수가 없고, 반대로 자신이 스스로 면도하지 않는다면 자신이 면도해 주어야 하는데, 이 경우는 둘 다 모순이다.

다음으로, '거짓말쟁이의 역설'에 대해 알아보자. 신약성서 디도서 1장 12절에는 "그레데인 중에 어떤 선지자가 말하되, '그레데인들은 항상 거짓말쟁이며 악한 짐승이며 배만 위하는 게으름쟁이라' 하니"라는 성경말씀이 있다. 선지자 자기 자신도 그레데인이므로, 이 경우 그레데인은 항상 거짓말쟁이라는 말을 긍정하거나 부정하는 어떤 경우도 모순된다.

이와 같은, 이율배반적인 역설도 있고, "아킬레스는 앞서가는 거북이를 따라 잡을 수 없다."거나 "운동은 없다." 등 널리 알려진 제논(Zenon)의 역설도 있다.

— 서른세 번째 수학자 이야기 —

무한대를 본 라마누잔

(Srinivasa Ramanujan, 1887년~1920년)

2016년 가을에 우리나라에서도 상영된 〈무한대를 본 남자〉는 20세기 초 인도 빈민가 출신 천재 수학자 라마누잔과 영국 케임브리지대학 하디 교수가 함께한 5년간의 이야기를 영화화한 것이다. 수학에 대한 어려움 탓인지 흥행 성적은 좋지 않았다고 한다.

영화의 줄거리는 대체로 다음과 같다.

1914년 수학에 미친 라마누잔은 자신이 만든 수학공식을 가지고 여러 수학자들을 찾아가지만, 문전 박대를 당하였다. 결국 회사에 입사한 그는 자신의 능력을 인정해주는 상사의 권유로 영국 케임브리지대학의 하디 교수에게 자신이 발견한 수학공식과 함께 편지를 보낸다. 라마누잔의 천재성을 알아본 하디 교수는 많은 교수들의 반대를 무릅쓰고 케임브리지대학으로 라마누잔을 초청한다. 하디는 수학천재 라마누잔이 수학적 성과를 낼 수 있도록 최선의 환경을 제공하는 한편, 라마누잔이 자만하지 않도록 때로는 압박하기도 하고 풀어주기도 하였다. 그러나 하디의 관심이 라마누잔 그 자체가 아니라, 그가 이루는 수학적 성과에 있었기 때문에, 한계에 부딪치며 결국 충돌하게 된다.

영화는 이와 함께 이방인 라마누잔의 고독을 조명하며 그림자를 드리운다. 인도에 두고 온 아내에 대한 그리움, 그리고 변변찮은 식사와 과로로 인한 건강 악화는 수학만 바라보고 내달리는 그의 광기어린 열정만큼이나 위태롭게 한다. 영화에서

"도대체 어떻게 그 공식을 얻었느냐?"

는 하디의 물음에 대한 라마누잔은

"어느 순간 신이 내려주셨다."

고 답한다. 사실 따지고 보면 수학자는 철학자이기도 했고 종교학자이기도 했다. 이 영화에서 더욱 빠져들게 되는 미지의 영역인 그곳은 아마 '수의 우주'이자 '신의 우주'일 것이다.

라마누잔은 1887년 12월 22일, 인도 남부의 마드라스 근방의 가난한 집안에서 태어나, 사원이 많기로 유명한 쿰바코남에서 자랐다. 출신은 성직자인 브라만 계급이었으나, 가난 때문에 정규 교육을 제대로 받지 못했다. 하지만 어린 시절부터 수학에 재능을 보였고 독학으로 수학을 공부했다. 12세이던, 1900년에 로니(Loney)의 《평면삼각법》을 탐독하면서 수학에 관심을 갖기 시작하였고, 15세 때는 카(Carr)의 《순수수학의 기초결과 개요》라는 책을 접하고 이 책의 정리들을 혼자 증명하여 노트에 정리하였다. 이 책에는 6,000여개의 정리가 실려 있었는데, 그는 정리들을 증명했을 뿐만 아니라, 이를 뛰어넘어 자신의 정리와 생각을 발전시켜 나갔다. 라마누잔은 이 노트로 인

해 장학금을 받고 대학에도 진학했지만, 수학 이외에는 어떤 과목에도 흥미를 보이지 않았다. 이로 인해, 그는 첫 해에 낙제하여 대학을 계속 다닐 수 없게 되었다.

수학만을 연구하기를 바랐지만, 정규 대학을 마치지 못한 그에게 기회는 주어지지 않았다. 그래서 1903년부터 1910년까지 혼자서 수학을 연구하였으며, 1909년에 결혼하여 마드라스에 있는 신탁회사의 회계원으로 근무하게 된다. 100여 개의 정리가 담긴 그의 연구 노트는 영국의 여러 수학자에게 보내졌지만, 대개는 대수롭지 않게 여겼다. 하지만, 당시 저명한 수학자였던 케임브리지대학의 하디(Hardy, 1877~1947) 교수는 라마누잔의 천재성을 알아보았다. 하디도 그의 논문을 처음 보았을 때, 증명이 없는 많은 정리들만 나열되어 있어서 이상하고 엉터리 같은 것이라고 무시하였다고 한다. 그럼에도 라마누잔의 논문이 하디의 머리에서 떠나지 않자, 다른 수학자와 함께 라마누잔의 논문을 면밀히 검토한 결과, 그 논문의 우수성을 알게 되었다.

1911년, 라마누잔은 〈인도수학회지〉에 첫 논문을 발표하면서 서서히 알려지게 되었다. 1913년에는 영국의 수학자 하디에게 증명 없이 일련의 정리만 나열해 보낸 논문이 인정을 받으면서 그의 특이한 재능도 높은 평가를 받기 시작하였다. 마침내, 하디는 그를 정식으로 케임브리지대학으로 초청하였다. 그러나 라마누잔은 브라만 계급으로, 카스트 제도의 계율에 따라 바다를 건너 영국으로 쉽게 갈 수 없는 입장이었다. 더욱이, 가족들의 반대도 심하였다. 그런 중에 라마누잔의 어머니는 이상한 꿈을 꾸었는데, 꿈에서 라마누잔이 유럽인들 사이에 당당히 앉아 있는 모습을 보았으며, 그녀가 믿는 여신이 나타나

아들의 앞길을 막지 말라고 명령했다는 것이다. 이 꿈으로 인해 그의 어머니는 라마누잔이 영국에 가는 것을 허락하게 된다.

1914년 영국으로 건너간 라마누잔은 하디의 개인지도를 받으며 공동 연구를 수행하여 불후의 논문들을 발표하게 된다. 정규 교육을 받지 못한 수학자 라마누잔과 전문 수학자 하디와의 공동 연구는 신이 내린 하나의 조화라고 할 수 있다. 하디는 그의 회고록 《어느 수학자의 변명》에서 라마누잔과 공동 연구를 하기 전에는 보잘 것 없는 논문들을 발표해 왔는데, 라마누잔과 함께한 논문들은 자신 있게 내놓을 수 있는 최고의 작품이라고 술회하고 있다.

라마누잔은 수학에 대한 기초 교육을 제대로 받지 못했음에도, 리만급수, 타원적분, 초기하급수, 제타함수의 함수방정식, 발산급수 이론 등에 대해 연구하였으며, 연분수에 대해서는 다른 어떤 수학자보다 통달했다고 한다. 특히, 수의 분할 연구에서 많은 성과를 거두어, 그의 논문들이 영국과 유럽의 학술지에 게재되었다. 그는 일변수복소해석학에 대한 지식 부족으로 자주 실수를 범했다고 전해진다. 그러나 그가 발견한 공식과 계산은 어느 누구도 따라가지 못할 정도로 정확했다고 한다. 그는 이러한 연구 업적들로 인해, 1918년에는 인도인으로는 최초로 왕립학회 회원으로 선출되었다.

라마누잔은 1919년 결핵에서 완전히 회복되어 인도로 돌아왔으나, 이듬해 4월 26일 32세의 젊은 나이로 숨졌다. 그는 생전에 영국과 유럽의 학술지에 37편의 논문을 발표하였고, 그 밖에 3권의 노트와 미발표 논문의 원고들을 남겼다. 그의 노트에는 앞선 연구와는 무관한 독창적인 내용들이 많이 있으며, 아직 증명되지 않은 것도 수백 개나 된다. 연분수에 관한 공식은 1985년에 MIT의 고스퍼(Gosper)가 원주율 π의 값을 소수 1700만 자리까지 계산하는 데에 사용되었고, 분할 이론은 통계역학의 문제에도 적용되고 있다. 원주율을 비롯한 수학 상수, 소수, 분할함수 등을 응용한 합 공식들이 그의 노트에 기록되어 있는데, 그 대부분이 증명 없이 해답만을 담고 있다. 이 때문에 라마누잔이 죽은 뒤, 수학자들은 그가 발견한 수많은 정리를 증명하기 위해 노력했고, 그 과정에서 새로운 수학 기법이 고안되기도 했다.

일부 수학자들은 라마누잔의 수학이 추상성과 심오함이 결여되어 있을 뿐만 아니라, 그의 많은 공식들은 진부하고 쓸모없는 것이기 때문에 그를 수준 낮은 수학자라고 비난하기도 한다. 그러나 최근에 와서, 많은 수학자들은 그가 발견한 대부분의 공식들이 심오하고 유용할 뿐만 아니라, 정교하다는 사실을 여러 학회지를 통해 발표하고 있다. 그가 증명하지 않고 남긴 결과들이 여러 수학자들에 의해 증명되고 있으며, 그 중요성이 입증되고 있다. 라마누잔이 독자적 방법에 의한 깊은 명찰과 직관과 귀납으로써 많은 결과들을 도출해 냈다는 점에서, 그는 수학자들 사이에서는 오일러와 야코비 이래로 가장 천재적인 수학자로 꼽히기도 한다.

라마누잔이 하디를 사로잡은 '라마누잔의 정리' 중에는

$$1+2+3+4+5+\cdots=-\frac{1}{12}$$

라는 공식이 있다. 하디는 말이 안 되는 것처럼 보이는 이 공식이 리만 제타함수의 응용이라는 것을 깨닫고, 라마누잔을 영국으로 초청했다고 한다. 또한, 라마누잔의 수에 대한 뛰어난 감각은 그가 병석에 누웠을 때의 일화로도 전해져 온다. 병문안을 온 하디가 자신이 타고 온 택시의 번호가 1,729라고 하며,

"이 수는 흥미 없는 수야."

라고 무심코 말하자, 라마누잔은

"아니에요. 하디 교수님! 이 수는 아주 흥미로운 수입니다. 1,729는 $1729 = 10^3 + 9^3 = 12^3 + 1^3$과 같이, 서로 다른 두 방법에 의해 두 세제곱 수의 합으로 나타낼 수 있는 가장 작은 수이기 때문이죠."

라고 응답했다고 한다.

| 앨런 튜링 |

〈무한대를 본 남자〉 이외에도 수학 천재들의 실화를 바탕으로 만든 영화들이 있다.

먼저, 튜링(Turing, 1912~1954)에 대한 이야기를 다룬 영화 〈이미테이션 게임〉이다. 앨런 튜링은 어릴 때 3주 만에 읽기를 배웠고, 미적분을 배우지 않고도 미적분 문제를 풀기도 하는 등 명석한 두뇌를 자랑했다. 제2차 세계대전 당시 독일군의 에니그마 암호를 해독하기 위해 튜링 봄비라는 장치를 개발하였으며, 이 장치는 후일 콜로시스라는 프로그래밍이 가능한 컴퓨터의 기술적 토대가 되었다. 그렇지만 그는 동성애자라는 이유로 범죄자가 되었으며, 화학적 거세까지 받고 결국 42세의 나이에 자살했다.

〈사랑에 대한 모든 것〉은 스티븐 호킹(Hawking, 1942~)과 그의 아내 제인의 러브 스토리를 다룬 영화이다. 이 영화는 제인이 쓴《스티븐 호킹, 천재와 보낸 25년》을 바탕으로 만들었다. 제인은 호킹 박사가 루게릭병으로 2년이라는 시한부 선고를 받았음에도 그와 결혼하여 3명의 아이를 낳았다. 호킹은 폐렴으로 목소리를 잃은 뒤, 손가락을 이용하여 인공 음성장치로 연구 활동을 하였으며, 그 후 그는 손가락도 움직이지 못해 얼굴 근육으로 타이핑하여 의사소통을 하였다.

〈뷰티풀 마인드〉는 수학자 스존 내쉬(Nash, 1928~2015)에 대한 이야기를 다룬 영화이다. 그는 22세 때 박사학위 논문으로 제출한 〈비협력 게임〉의 내시균형이론으로, 44년이 지난 1994년에 노벨경제학상을 수상한다. 대학원 추천서에 지도교수가

"이 사람은 천재다."

라는 한 문장만 적어 보냈을 정도로 그는 천재 수학자였다. 그러나 강박관념에 사로잡혀 30년 이상을 정신 분열증에 시달렸다고 한다.

무한대

무한대는 어떠한 실수나 자연수보다 더 큰 수, 또는 무한히 커져가는 상태 등을 나타내는 대수학 용어이다. 양(+) 또는 음(−)의 값을 가지는 변수 x에 대해 x의 역수가 0에 한없이 가까워질 때, x는 양 또는 음의 무한대로 발산한다고 하고, 기호로 $x \to \infty$ 또는 $x \to -\infty$로 나타낸다.

무한대(∞)는 어떤 실수 M을 택하더라도 그보다 크다. 즉, 모든 실수 M

에 대해, $-\infty < M < \infty$가 성립한다. 이 무한대는 수열이나 실수 값을 갖는 함수의 극한을 다룰 때, 유용하게 사용된다.

참고문헌

강윤재 역(2004), 과학－사람이 알아야 할 모든 것, 들녘.

강정홍·황규범 역(2000), 수학의 즐거움, 교우사.

계영희·김성숙·김성옥·김완순·박혜숙·신경희·이정례·정문자·최은미(2015), 행복한 교과서 수학자를 만나다, 경문사.

고석구(2004), 수를 사랑한 사람들, 경문사.

김승욱(2002), 짧게 그러나 완벽하게 －위대한 수학자들의 삶－, 교우사.

김안현·이광연 역(2003), 초기수학의 에피소드, 경문사.

김용운·김용국(1997), 수학사의 이해, 도서출판 우성.

김흥식(2007), 세상의 모든 지식, 서해문집.

남호영·장영호 역(2012), 문제해결로 살펴본 수학사, 경문사.

노태복 역(2009), 수학자 대 수학자, 경문사.

문선영 역(1999), 앵무새의 정리 3, 이끌리오.

박경미(2013), 박경미의 수학콘서트 플러스, 동아시아.

박규호 역(2009), 슈뢰딩거의 고양이, 들녘.

박세희(2006), 수학의 세계, 서울대학교출판부.

박영훈(2005), 기호와 공식이 없는 수학카페, 청아문화사.

박은태(2010), 경제학 사전, 경연사.

석주식·최순미·심진경(2010), 초등수학 개념사전, 아울북.

안광복(2017), 처음 읽는 서양 철학사, 어크로스.

양재현(2005), 20세기 수학자들과의 만남, 경문사.

오혜정 역(2016), Big Questions 수학, 작은책방.

이무현 외(2005), 아르스 마그나, 교우사.
이우영 역(2007), 유클리드 기하학과 비유클리드 기하학, 경문사.
이우영·신항균 역(2005), 수학사, 경문사.
장경윤 역(2004), 한 줄에 꿰는 수학이야기, 경문사.
정기수(1990), 랑송 불문학사(상), 을유문화사.
조정수 역(2013), 수학의 천재들, 개정판, 경문사.
철학사전편찬위원회 외(2009), 철학사전, 중원문화.
표용수·조용선(2014), 수학독립선언, 개정판, 경문사
한림학사(2007), 통합논술 개념어사전, 청서.
한재영(2002), 차원 높은 수학 이야기, 교우사.
홍성사·홍영희(1998), 유휘와 구장산술, Historia Mathematica 11(1), 27-35.
홍성욱·이상욱·장대익·이중원(2007), 과학으로 생각한다, 동아시아.
C. C. Pinter(2014), Set Theory, Dover Pubns.

국립중앙과학관: http://www.science.go.kr
두산백과: http://www.doopedia.co.kr
사이언스올: http://www.scienceall.com
서울대학교 철학사상연구소: http://philinst.snu.ac.kr
수학백과(대한수학회): http://www.kms.or.kr
위키피디아: http://ko.wikipedia.org
한국민족문화대백과: http://encykorea.aks.ac.kr
KISTI의 과학향기: http://www.kisti.re.kr

찾아보기

ㄱ

가부번집합 190
가우스 143
갈루아 177
갈루아의 결투 180
결핍수 11
공리 20
공준 20
과잉수 10
괴델 200
구일집 108
구장산술 40
그리스의 칠현인 5
극한 152, 153
기수 189
기하학 14

ㄴ

뉴턴 84
뉴턴의 사과 88

ㄷ

다니엘 베르누이 105
달랑베르 131
대등 188
대수적 수 190
대수학의 기본정리 144
데데킨트 190
데카르트 63
데카르트 좌표계 67
디리클레 172
디오판토스 33
디오판토스 문제 34
디오판토스의 묘비명 36

ㄹ

라그랑주 125
라그랑주 승수법 130
라마누잔 216
라이프니츠 95
라플라스 131
라플라스 변환 137
라플라스의 도깨비 134
람베르트 163
람베르트 사변형 163
러셀 205
러셀의 역설 211
레오나르도 다빈치 100
로바체프스키 158
르장드르 138

르장드르 다항식 139
리만 182
리만 가설 184, 202
리만기하학 186
리만적분 186

ㅁ

메르센 71
무한대 221
무한대를 본 남자 215
무한집합 188
민코프스키 200

ㅂ

방법서설 64
벨트라미 20, 163
볼리아이 157
볼차노 151
볼프강 볼리아이 157
부정방정식 37
비가부번집합 190
비둘기 집의 원리 174, 176
비유클리드기하학 162

ㅅ

사각수 12
사이클로이드 곡선 83
사케리 162
사케리 사변형 162
산대 114
산반서 43
산학 33
산학계몽 113
삼각수 12
수학 원리 208
쌍곡공리 164
쌍곡기하학 164

ㅇ

아르키메데스 22
아르키메데스의 원리 23
아벨 165
아벨상 171
아벨의 정리 167
아폴로니오스의 원 30
아폴로니우스 29
야곱 베르누이 102
야코비 168
양휘의 삼각형 80
에르미트 194
역설 213
연속체 가설 192
오일러 116
오일러 등식 122
오일러 수 121
오일러의 공식 122
와일즈 73
완전수 11

요한 베르누이 103
우주체계 해설 134
원론 15
원뿔곡선 32
원주율 27
월리스 162
위대한 비법 49
위상동형 198
유레카 22
유체역학 105
유클리드 14
유휘 38
입격 108

ㅈ

절대부등식 151
정다면체 18
정적분 186

ㅊ

천문대화 58
천원술 110
취재 108

ㅋ

카르다노 49
카르다노의 맹세 54
칸토어 187
칸토어 집합 191
케플러 57, 93
코시 149
크렐레 167

ㅌ

타르탈리아 50
타원공리 164
타원기하학 164
타원함수론 139
탈레스 3
테온 15
팀가이스트 122

ㅍ

파스칼 77
파스칼의 삼각형 79
퍼텐셜론 173
페라리 52
페렐만 197
페르마 70
페르마 수 75
페르마의 마지막 정리 72
페아노 207
페테르부르크 역설 104
평행공리 17
푸앵카레 194
프란키피아 86
프레게 211

프로클로스 162
피보나치 43
피타고라스 7
피타고라스 수 10
피타고라스 정리 9
필즈상 171

ㅎ

하디 217
한붓그리기 123
한붓그리기 문제 120
호르비츠 200
홀름보에 165
화이트헤드 206
황금비 13
히파수스 10
힐베르트 199
힐베르트의 문제들 185

기타

3대 작도문제 21